中山公园辽柏群

平泉九龙蟠杨

京津冀 古树 寻踪

京津冀古树名木保护研究中心 著

中国建筑工业出版社

图书在版编目（CIP）数据

京津冀古树寻踪／京津冀古树名木保护研究中心著．—北京：中国建筑工业出版社，2018.12
ISBN 978-7-112-23089-1

Ⅰ.①京… Ⅱ.①京… Ⅲ.①树木-介绍-华北地区 Ⅳ.①S717.22

中国版本图书馆CIP数据核字（2018）第291581号

责任编辑：杜　洁　李玲洁
责任校对：赵　颖

京津冀古树寻踪
京津冀古树名木保护研究中心　著

*

中国建筑工业出版社出版、发行（北京海淀三里河路9号）
各地新华书店、建筑书店经销
北京方舟正佳图文设计有限公司制版
北京富诚彩色印刷有限公司印刷

*

开本：889×1194毫米　1/16　印张：25　字数：605千字
2019年4月第一版　2019年4月第一次印刷
定价：268.00元
ISBN 978-7-112-23089-1
（33176）

版权所有　翻印必究
如有印装质量问题，可寄本社退换
（邮政编码 100037）

编委会

主　　　任：张　勇
副 主 任：李炜民　朱卫荣
编　　　委（按姓氏笔画排序）：
　　　　　　于　辉　牛建忠　丛一蓬　丛日晨　吕高强
　　　　　　朱英姿　任春燕　杜红霞　李　高　李文海
　　　　　　李延明　李林杰　李国定　宋　恺　宋利培
　　　　　　陈小奎　林　毅　孟　欣　姜世平　祝　玮
　　　　　　贺　然　魏　钰

主　　　编：李炜民
副 主 编：李延明　宋利培　丛日晨　朱卫荣　孟　欣
编　　　辑：王永格　王英博　孟雪松　李静祎　侯江锐
　　　　　　王岚岚　毕　佳　王茂良　任春生　赵润邯
撰　　　稿（按姓氏笔画排序）：
　　　　　　邓　硕　刘晓凯　李　昂　李　晶　李　楠
　　　　　　李艳敏　杨玉想　张　卉　张　盼　陈小奎
　　　　　　范　磊　周达康　赵淑珍　郝丹辉　胡振园
　　　　　　姜子龙　贾　政　钱　君　高苏岚　高晓峰
　　　　　　唐　硕　黄晓蕊　韩红岩　焦进卫　谢　伟
　　　　　　熊德平
摄　　　影：王英博　周新雨　韩红岩　郑　毅　刘　昊
　　　　　　陈宝森　李忠林　贾云霞
绘　　　图：刘婷婷

序 一

我国历史悠久、幅员辽阔，有着丰富的植物种质资源，素有"世界园林之母"之称。古树名木资源更是植物资源中的瑰宝，它们承载着珍贵的历史、镌刻着生态科学的信息、蕴含着丰富的文化内涵，具有不可替代的历史价值、景观价值和生态价值。

我国古树树种丰富、数量众多、树龄久长、分布广泛，均为世界罕见。复杂多样的地理环境、气候条件和不同地域的历史变迁、人文习俗及经济发展造就了我国丰富的古树资源，主要分布在北京、吉林、浙江、福建、江西、山东、湖北、湖南、四川、陕西、青海、河北等地，遍布于我国的名山大川、山林原野、城市园林和乡村之中。这一株株古树，就是一个个"活的文物"，是从古至今传承生命的伟大艺术，见证着一段段历史，演绎着一个个故事；如同一本本生动的"教科书"，有着取之不尽的知识财富；如同一位位长寿的老人，讲述着跨越时代的人与自然和谐相处的智慧。但是，伴随着人类活动和气候的变化，大自然中的古树正在慢慢地离开我们，我们应该警醒地认识到，每一株古树都具有突出的唯一性和不可替代性，需要我们给予更加广泛的关注和有力的保护。

京津冀三地是我国古树分布较为集中的地区，中央京津冀协同发展的战略布局为三地生态保护协同创新带来新的机遇。《京津冀古树寻踪》一书的出版，是在弘扬生态文明和京津冀协同发展的大背景下，传承京津冀地区天人合一的生态理念、保护我们中华民族的自然和文化遗产的又一具体行动。寻踪古树，一方面可以更好地挖掘、传承其独特的历史文化价值；另一方面也更好地推动了古树资源及环境的保护，保护好每一株古树是时代赋予我们的重要责任和使命。

保护古树，功在当代，利在千秋。我们要像对待生命一样保护古树资源，让古树价值万代永续、古树文化灿烂生辉。值本书即将出版之际，更感谢著者们爬山涉水收集资料之艰辛，成就本书意义之重大，欣然作序。

中国工程院院士
北京林业大学原校长
2018 年 10 月

序 二

古树名木是自然与历史长期孕育的产物,是自然界及前人留下的珍贵遗产,是活的文物,具有丰富的文化内涵和科学价值,在历经朝代更替、世事沧桑后,依然根茎相连、巍然屹立,充分展示了非凡的自然魅力和强大的生命力。古树在发挥重要生态功能的同时,见证了一个地区的社会发展和自然、历史变迁,承载着广大人民群众的乡愁情怀,也是自然景观和人文景观构成的一个重要部分。

京津冀地区古为幽燕、燕赵,地缘相接、人缘相亲,地域一体、文化一脉。根据三地行业专家多年实地调查,三地共有百年以上的古树名木15万余株,其中北京4万余株,河北11万余株,天津700余株,可谓蔚为壮观。这些古树历经时代流转、沧桑变化,至今仍然存活并绿意葱茏,每一株都是让人赞叹的传奇,也是体现京津冀大地历史风貌的特色文化符号。

北京作为举世闻名的文化古都,古树名木资源丰富,也非常重视古树保护工作。北京市园林科学研究院自20世纪80年代就开始古树保护复壮技术的相关研究,天坛、香山、颐和园等古树众多的历史名园在古树保护和宣传方面做了很多工作。河北、天津古树众多,在古树名木保护方面有着丰富的经验。按照京津冀协同发展的战略要求,2016年3月,京津冀古树名木保护研究中心在北京成立,次年成立京津冀古树名木保护专家委员会,这是三地行业协同创新的创举,对于京津冀地区的古树保护事业无疑是一个福音。自成立以来,三地通过建立联动合作机制,分享三地在古树保护方面的成功经验,在保护与抢救重点衰弱古树、古树保护技术研究与应用、技术培训和专业人才队伍培养、三地古树基因库建设等方面取得丰硕成果,有效地提升了三地古树的保护水平。

《京津冀古树寻踪》是由北京市公园管理中心牵头,三地古树名木专家编写的专著,该书包含北京、河北和天津三地重点古树名木。当我收到该书的初稿时,立刻被其所吸引,一口气读完书稿。该专著有三个特点:第一是科学性强,每棵古树名木树龄都经过严格考证,树龄记载准确;每棵树木都有正确的植物名称、拉丁学名、科属名称以及树高、胸径、位置等具体描述。第二是文化内涵丰富,古树都有相关历史记载,多数记载内容都是经过历史考证的史实。同时,该专著对每棵古树名木的位置绘制了详细的平面图,这种做法在以前出版的古树名木专著中较为少见,充分体现了作者严谨的学术态度和强烈的历史责任感。第三是该专著图文并茂,科学性与艺术性融为一体,其文字简练,图片清晰,反映了古树名木突出的形态特点。该书是全面收录京津冀地区古树资源的珍贵档案,也是解析三地古树文化的一把钥匙,是京津冀古树名木保护研究中心共同挖掘三地古树文化资源的一个重要成果,也是京津冀协同发展建设生态文明、建设美丽中国的见证。在写此序之时,不禁对京津冀三地古树名木研究者多年的辛勤工作产生了由衷的敬意,感谢他们为三地古树名木资源研究与保护所做的贡献。

　　古树名木,国之瑰宝。古树保护,任重道远。愿古树生命生生不息,文化源远流长。

北京林业大学教授
京津冀古树专家委员会主任
2018 年 11 月

前　言

古树名木是中华民族的自然历史文化遗产，磅礴雍容、奇绝苍健，是见证和传承华夏文明的绿色文物和植物活化石，是自然界与前人留给我们的无价之宝。古树名木见证着环境及历史的变迁，具有极高的观赏价值、科学价值和重要的历史文化价值，许多古树背后往往蕴藏着重大的自然历史事件和令人神往的故事传说，在漫长的历史发展过程中，逐步形成了深厚的古树文化底蕴。

京津冀三地地缘相接，文脉相承，资源丰厚，地方特色鲜明，共有古树15万余株。古树名木从历史角度记载了三地自然环境和社会发展变迁，是三地数千年历史沉淀的缩影。据记载，北京市现有古树4万余株，31科45属65种，以市属公园香山、天坛等古树数量居多，共13969株，占全市总量的34%。天津市现有古树700余株，18科25属29种，其中蓟州盘山香柏，年逾1000岁，是天津最著名的古树之一。河北省名胜古迹众多，遗留下来的古树名木资源较为丰富，据统计，现存古树11万余株，29科52属73种，其中涉县"天下第一槐"、丰宁"九龙松"等最为著名。

北京市公园管理中心高度重视古树保护工作，充分发挥所属各公园和北京市园林科学研究院的古树资源优势、技术优势，多年持续开展古树保护研究与实践，取得了丰硕的成果，河北、天津在古树保护方面也积累了丰富的经验。2016年，京津冀三地以科技创新助推京津冀古树名木保护协同发展，北京市园林科学研究院联合河北省风景园林与自然遗产管理中心、天津市园林绿化研究所成立了"京津冀古树名木保护研究中心"。三年来，三地发挥优势，紧密合作，在古树保护技术研究、古树基因保存、专业人才培养等方面积极推动了三地的古树保护工作。本书编写组成员沿着古树踪迹，踏查了京津冀三地的重要古树，对每一株古树的生长位置、树高、胸径进行了测量和记录，并查阅大量的村志、碑志、专著等资料，走访当地年长村民，编辑整理每株古树的历史传说、文化故事，拍摄不同季节的古树图片资料，把古树的整体美、姿态美、沧桑美、局部美、历史美图文并茂地呈现给大家，努力使本书成为汇集并记录三地古树信息的珍贵档案资料。

本书从历史意义、文化内涵、树种特性、所属区域等方面综合考虑，收录了北京、河北和天津三地重要的古树群14个、古树名木190株，基本涵盖了三地古树所在区域和全部代表性古树树种。其中，收录北京古树27科40属47种（含品种），以侧柏、桧柏、油松、银杏、国槐等树种居多，并有青檀、黄连木、柘树、流苏、杜梨等北京稀有的古树树种；收录河北古树22科37属46种（含品种），树种丰富奇特，如千年板栗王、漆树、榉树、葡萄、梨树、红桦群等，这些古树大多集中于偏远山区的寺庙、村庄；收录天津古树4科4属4种，多数集中在蓟州市盘山风景区。

本书编纂由北京市公园管理中心发起，中心科技处牵头，北京市古树内容由北京市园林科学研究院联合市属公园整理并撰写；河北省古树内容由河北省风景园林与自然遗产管理中心整理并撰写；天津市古树内容由天津市公园绿地行业协会和天津市园林绿化研究所整理并撰写。由于三地地域广阔，不免有疏漏，敬请读者批评指正。

京津冀古树名木保护研究中心
2018年10月

目 录

序一（尹伟伦）

序二（张启翔）

前言

第一章　北京

一、东城区　001

1. 故宫御花园连理柏　001
2. 故宫紫禁十八槐　004
3. 故宫古华轩楸树　006
4. 故宫蟠龙槐　007
5. 故宫菩提树　008
6. 劳动人民文化宫明成祖手植柏　010
7. 国子监触奸柏　012
8. 国子监罗汉柏　014
9. 国子监柏上桑　018
10. 鼓楼东大街栾树　020
11. 东四二条黄金树　022
12. 柏林寺蝴蝶槐　024
13. 天坛公园九龙柏　026
14. 天坛公园问天柏　028
15. 中山公园辽柏群　030
16. 中山公园槐柏合抱　034
17. 文天祥祠枣树　036
18. 花市酸枣王　038
19. 南锣鼓巷黑枣　040
20. 黑芝麻胡同丝棉木　041

二、西城区　042

1. 景山公园二将军柏　042
2. 景山公园槐中槐　044
3. 北海公园唐槐　046
4. 北海公园白袍将军　048
5. 北海公园遮荫侯　050
6. 北海公园小叶朴　054
7. 西单枣树王　056
8. 宋庆龄故居西府海棠　058
9. 北礼士路苦楝　060
10. 法源寺文冠果　062

三、朝阳区　064

1. 金盏乡干妈柏　064
2. 日坛公园九龙柏　065
3. 东岳庙寿槐　066

四、海淀区 068

1. 大觉寺银杏王 068
2. 大觉寺玉兰 070
3. 大觉寺鼠李寄柏 072
4. 香山公园听法松 074
5. 香山公园九龙柏 076
6. 香山公园三代树 078
7. 香山公园凤栖松 080
8. 北京植物园歪脖槐 082
9. 北京植物园海柏 083
10. 北京植物园蜡梅 084
11. 北京植物园皂荚 086
12. 北京植物园石上松 088
13. 田村路洋槐 089
14. 颐和园介字柏 090
15. 颐和园玉兰 092
16. 北京大学桑树 094
17. 北京大学流苏树 096
18. 中国地质大学杜梨 098
19. 东北义园国难树 100
20. 李自成拴马树 102

五、丰台区 104

1. 长辛店革命槐 104

六、石景山区 106

1. 八大处黄连木 106
2. 八角西街银杏 108

七、门头沟区 110

1. 潭柘寺娑罗树 110
2. 潭柘寺帝王树 114
3. 潭柘寺配王树 116
4. 潭柘寺柘树 118
5. 潭柘寺玉镶金、金镶玉 120
6. 戒台寺九龙松 122
7. 戒台寺抱塔松 124
8. 戒台寺卧龙松 126
9. 戒台寺自在松 128
10. 戒台寺活动松 129
11. 戒台寺丁香 130
12. 西峰寺银杏 132

八、房山区 134

1. 十字寺银杏 134
2. 上方山柏树王 136
3. 十渡镇麻栎 138
4. 十渡镇元宝枫 140

九、通州区 142

1. 张家湾镇元槐 142
2. 张家湾镇枫杨 143
3. 三教庙国槐 144
4. 新华西街洋白蜡 145

十、顺义区 146

1. 牛栏山镇银杏 146
2. 元圣宫双柏 148

十一、昌平区 150

1. 南口镇青檀王 150
2. 南口镇酸枣王 152
3. 关沟大神木 154
4. 长陵龟龙玉树 156
5. 长陵卧龙松 158
6. 延寿寺盘龙松 160

十二、大兴区	162
1. 双塔寺银杏	162
十三、怀柔区	164
1. 南冶村栗祖	164
2. 宝山镇榆树	166
3. 红螺寺紫藤寄松	167
4. 红螺寺雌雄银杏	168
5. 天宫童子和孔雀仙子	170
6. 鸽子堂蒙古栎	172
7. 柏崖厂汉槐	174
十四、平谷区	176
1. 鸳鸯银杏树	176
2. 政务村旋风柏	178
十五、密云区	180
1. 北白岩村范公柏	180
2. 巨各庄镇银杏王	182
3. 九搂十八杈	184
4. 云蒙山黄檗	186
十六、延庆区	188
1. 千家店镇柽柳	188
2. 霹破石村车梁木	190
3. 长寿岭长寿树	192

第二章　河北	
一、石家庄市	195
1. 正定国槐	195
2. 正定隆兴寺紫藤	198
3. 柏林禅寺侧柏	199
4. 灵寿流苏	200
5. 元氏银杏	202
6. 董庄梨树群	204
7. 鹿泉蜡梅	206
8. 鹿泉胡申柏	208
9. 井陉苍岩山青檀群	210
10. 井陉楸树	212
11. 平山黄连木	213
12. 平山文庙柏抱桑	214
13. 平山奶奶庙村核桃	216
14. 赞皇嶂石岩漆树群	217
二、承德市	218
1. 丰宁九龙松	218
2. 平泉九龙蟠杨	222
3. 平泉文冠果	224
4. 避暑山庄油松群	226
5. 避暑山庄桑树	230
6. 承德县双龙松	231
7. 高新区秋子梨	232
8. 小布达拉宫五角枫	233
9. 隆化行走的旱柳	234
三、张家口市	236
1. 涿鹿轩辕杨	236
2. 涿鹿结义槐	238
3. 涿鹿赵家蓬核桃	239
4. 涿鹿蚩尤松	240

5. 崇礼云杉	241
6. 崇礼暴马丁香	242
7. 赤城榆树	244
8. 赤城旗杆松	248
9. 宣化葡萄	250
10. 怀来八棱海棠	252

四、秦皇岛市 254

1. 海港区浅水营银杏	254
2. 北戴河国槐	256
3. 中国煤矿工人疗养院龙爪槐	257

五、唐山市 258

1. 滦州市青龙山银杏	258
2. 迁西板栗王	260
3. 菩提岛小叶朴群	262
4. 清东陵古树群	264

六、廊坊市 266

1. 三河银杏	266
2. 霸州构树	268
3. 固安侧柏	270
4. 大枣林村槐树	271
5. 大厂槐抱椿	272
6. 文安槐树	274
7. 香河楸树	276

七、保定市 278

1. 阜平周家河侧柏	278
2. 满城青檀	280
3. 满城柿树	282
4. 安国槐树	283
5. 涞源白榆	284

6. 白石山红桦树群	285
7. 唐县麻栎	286
8. 唐县黄连木	287
9. 直隶总督署侧柏群	288
10. 古莲花池黛柏	290
11. 紫荆关杨树	292
12. 清西陵油松群	294

八、沧州市 296

1. 姚天宫村酸枣	296
2. 盐山白桑	298
3. 盐山椿树	299
4. 黄骅冬枣树群	300

九、衡水市 302

1. 枣强桧柏	302
2. 深州市国槐	304

十、邢台市 306

1. 内丘九龙柏	306
2. 临西杜梨树	310
3. 前南峪板栗王	311
4. 任县隋槐	312

十一、邯郸市 314

1. 涉县天下第一槐	314
2. 涉县榭栎	316
3. 涉县合漳毛黄栌	318
4. 涉县榉树	319
5. 涉县雪寺榉树群	320
6. 涉县流苏树	322
7. 涉县白皮松	323
8. 磁县皂荚	324

9. 武安栗树群	325	**第三章　天津**	
10. 武安崖柏	326		
11. 武安大果榉	328	一、天津市内	**349**
12. 武安木梨	330		
13. 丛台公园国槐	331	1. 河北区银杏	349
14. 武安黄连木	332	2. 五爪金龙槐	350
15. 临漳曹魏桧柏	334	3. 荐福观音寺国槐	352
16. 丛台区国槐	335		
17. 成安合欢树	336	二、蓟州市	**354**
18. 大名皂荚	338		
		1. 盘山香柏	354
十二、定州市	**340**	2. 盘山银杏	356
		3. 盘山伴塔松	358
1. 乾隆双槐	340	4. 盘山挂钟松	360
2. 东坡双槐	341	5. 盘山凤翅松	361
3. 刀枪街侧柏	342	6. 官庄镇蟠龙松	362
4. 刀枪街紫藤	343		
5. 定州张家槐	344	**附录**	
6. 雪浪斋椿树	345		
		本书古树名木一览表	**364**
十三、辛集市	**346**		
1. 前营乡百年梨树	346		

北京

北京市面积约 1.68 万 km^2，辖 6 个区和 10 个远郊区。城 6 区分别为东城区、西城区、朝阳区、海淀区、丰台区、石景山区，远郊 10 区分别为门头沟区、房山区、通州区、顺义区、昌平区、大兴区、怀柔区、平谷区、密云区和延庆区。截至 2017 年，北京市共有古树名木 41865 株。

故宫御花园连理柏

东城区

树种：桧柏
科属：柏科 圆柏属
学名：*Sabina chinensis*
树高：9m
胸径：64cm
树龄：500 余年
位置：故宫御花园内

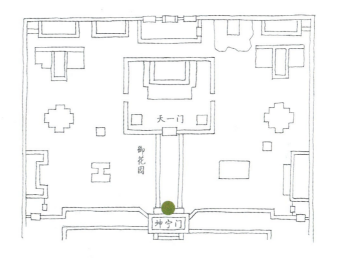

　　连理柏的两部分根分别位于故宫中轴线的两侧，相伴而生，长至成年在中轴线上合二为一，融为一体。有人说它是象征爱情坚贞、夫妻恩爱的连理树；有人说它是象征国泰民安、江山永固的吉祥树；有人说它是象征亲密和谐的连心树。据观测，连理柏可能是人工定向培育出来的，或为两个单株，在一定高度使其形成层结合；或为一树劈开根部分栽长成。末代皇帝溥仪和皇后婉容完婚时曾在树前合影。

故宫紫禁十八槐

树种：国槐
科属：豆科 槐属
学名：*Sophora japonica*
树高：13~23m
胸径：77~158cm
树龄：100 ~ 600 余年
位置：故宫武英殿断虹桥

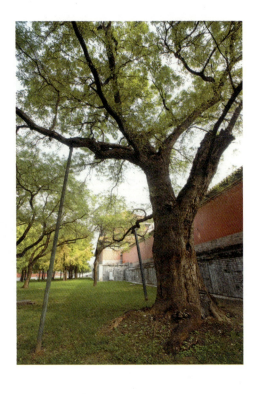

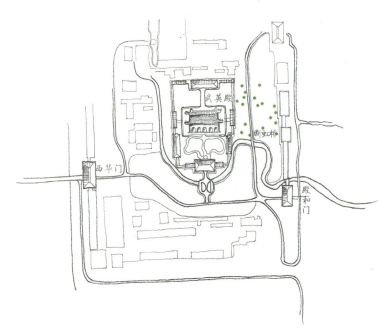

  我国自周代起就在宫殿苑囿种植槐树，故槐树又有"宫槐"之称。故宫里的古槐很多，其中最著名的是武英殿断虹桥畔的"紫禁十八槐"，这十八槐棵棵雄壮，气宇非凡，枝叶茂密，夏季槐花飘香。明清时期，帝王大臣出入西华门都要经过这里。

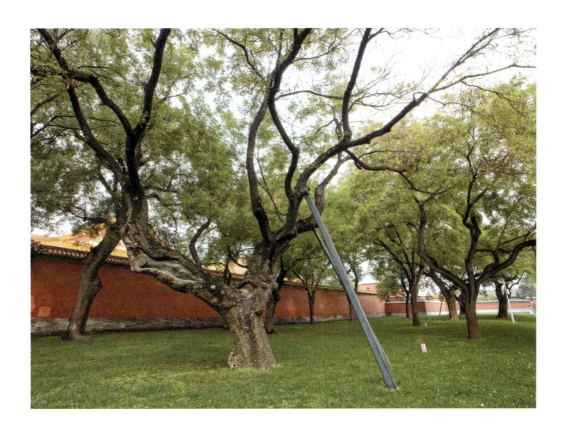

故宫古华轩楸树

树种：楸树
科属：紫葳科 梓树属
学名：*Catalpa bungei*
树高：11m
胸径：55cm
树龄：300 余年
位置：故宫乾隆花园

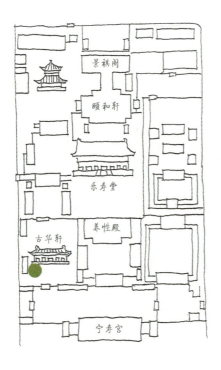

乾隆三十七年至四十一年（1772—1776年），乾隆皇帝着手改建宁寿宫，作为养老之所。当时工地上有一株楸树，设计者拟伐除此树，建一座五开间歇山卷棚式屋顶的敞轩。乾隆得知后说，房屋可以择地而建，计时而成，树木须培植多年，死不可复生，为何不能把轩后移呢？他多次用诗表达自己的见解："古松不可移，筑屋就临之"（《就松室》），楸树保住了，与轩融为一体。

故宫蟠龙槐

树种：龙爪槐
科属：豆科 槐属
学名：*Sophora japonica* 'Pendula'
树高：4.5m
胸径：124cm
树龄：500 余年
位置：故宫御花园东南角

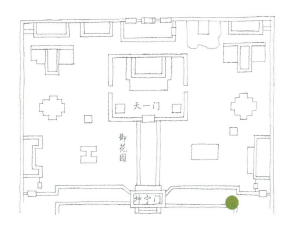

　　御花园里最壮观的要数一株龙爪槐，粗枝水平扭转弯曲、虬龙盘结，向各个方向蜿蜒伸展，形成约 80m² 的葱郁树冠，是京城"龙爪槐之最"，因而得名"蟠龙槐"，成为御花园靓丽一景。

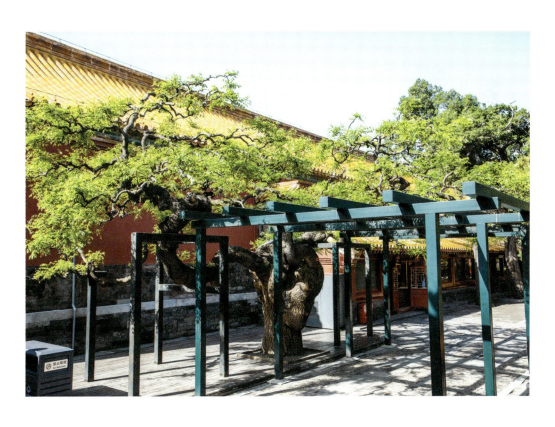

故宫菩提树

树种：欧洲大叶椴
科属：椴树科 椴树属
学名：*Tilia platyphyllos*
树高：11.5m
胸径：37cm
树龄：400 余年
位置：故宫英华殿两旁

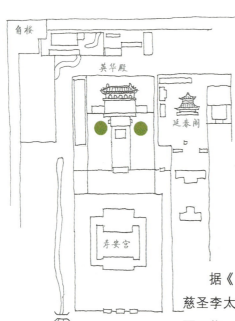

据《清宫述闻》记载"明代英华殿，有菩提树二，慈圣李太后手植也。高二丈，枝干婆娑，下垂着地，盛夏开花，作金黄色，子不于花苁生，而于背。深秋叶下，飘扬永巷……"。紫禁城英华殿的两棵菩提树相传为明万历皇帝生母慈圣李太后所植，其中碑亭东边的一棵，因在弯曲的横干上，又向上生长着九个大枝，故名"九莲菩提树"，清朝乾隆皇帝为母亲祝寿时，特地请达赖喇嘛为该树开光。乾隆皇帝还曾御笔题书《英华殿菩提树诗》，并勒碑置于庭中，其诗有言："我闻菩提种，物物皆具领"。世界各地被称为菩提树的有 30 多个树种，印度的菩提树在北京无法露天过冬，这两株生长了 400 多年的菩提树实际上为欧洲椴，花开时香飘四溢，沁人心脾。

注：乾隆御制英华殿菩提树石碑

京津冀古树寻踪　北京　东城区

劳动人民文化宫明成祖手植柏

树种：侧柏
科属：柏科 侧柏属
学名：*Platycladus orientalis*
树高：13.5m
胸径：164.6cm
树龄：600 余年
位置：劳动人民文化宫后河西侧

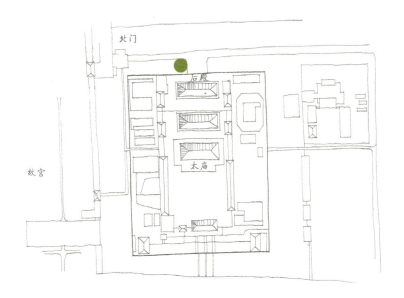

  相传为明成祖朱棣迁都北京，按"左祖右社"规制建成太庙以后，在此处亲手所植，以告慰先祖社稷安定，并抒发治国安邦之宏愿。该树至今仍枝叶繁茂，茁壮挺拔，独领太庙群柏之首。

国子监触奸柏

树种：桧柏
科属：柏科 圆柏属
学名：*Sabina chinensis*
树高：12m
胸径：162cm
树龄：700余年
位置：国子监孔庙大成殿前

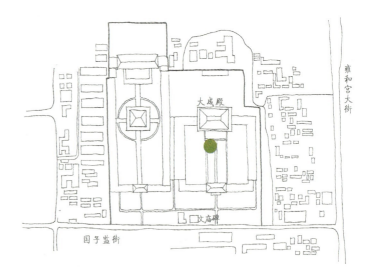

相传为元代国子监祭酒许衡所植，距今已700多年的历史。相传明代奸相严嵩代皇帝祭孔，行至柏树下，突然狂风骤起，树上一枝条将严嵩乌纱帽掀掉。后人认为许衡为人正直，古柏自然对奸臣毫不客气；有人认为古柏自身有灵性，能辨忠奸，称此树为"辨奸柏"或"触奸柏"。

京津冀古树寻踪　北京　东城区

国子监罗汉柏

树种：桧柏
科属：柏科 圆柏属
学名：*Sabina chinensis*
树高：14m
胸径：190cm
树龄：700 余年
位置：国子监孔庙大成殿前西侧

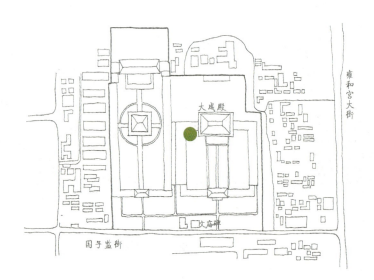

粗壮的主干上长满了疙疙瘩瘩的大树瘤，又圆又鼓，大小不一，经过岁月的洗礼，疙瘩都变得光滑圆润，远观如大肚罗汉的肚子，因此得名"罗汉柏"。

国子监柏上桑

树种：侧柏 桑树
科属：柏科 侧柏属；桑科 桑属
学名：*Platycladus orientalis*; *Morus alba*
树高：18m
胸径：120cm
树龄：700 余年
位置：国子监孔庙前院碑亭西侧

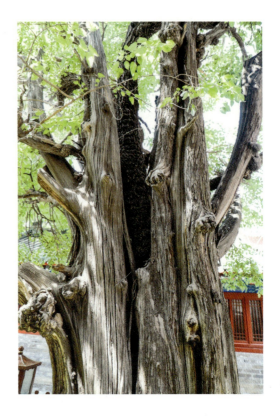

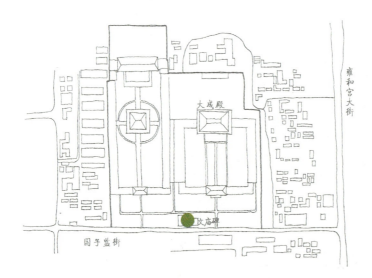

此柏植于元代，因时间久远，树干中部空洞，并有土壤沉积在空洞里面，而桑树种子随风传播或借助鸟雀之力，在空洞的薄土上生根，并长出一株桑树，形成侧柏怀抱桑树、桑树寄生于侧柏的双树景观，大家习惯称作"柏上桑"。

鼓楼东大街栾树

树种：栾树
科属：无患子科 栾树属
学名：*Koelreuteria paniculata*
树高：19m
地径：85cm
树龄：100 余年
位置：鼓楼东大街 263 号

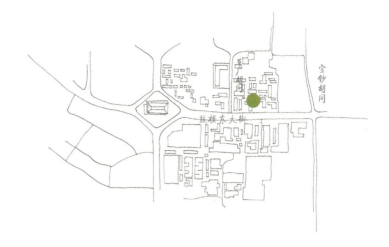

栾树在北京平原和低山自然分布较多，其幼叶可以食用，故居民常种植于院落附近供采摘。栾树花开夏季，黄色醒目，秋叶变黄或变红，且花序较大，具有夏季观花秋季观叶的景观效果，深受市民喜爱；栾树抗寒、抗旱、抗病虫害、抗烟尘能力较强，是当前北京城市主要行道树种之一。

东四二条黄金树

树种：黄金树
科属：紫葳科 梓树属
学名：*Catalpa speciosa*
树高：20m
胸径：77.5cm
树龄：200余年
位置：东四二条3号院

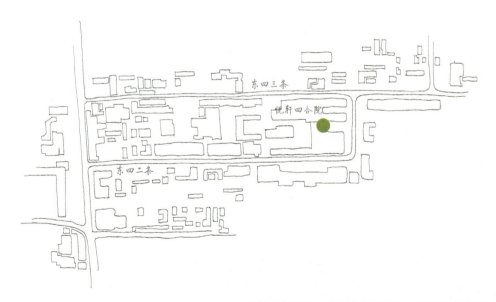

　　常植于庭院，寓意满院黄金。该树树体高大，叶片卵形全缘，叶背具透明绿斑，5~6月份开花，花白色略带紫斑和黄色条纹；果实长筴状，长20~45cm。黄金树树形优美，花簇悦目，果实奇特，又因其名字缘故，深受商人和百姓的喜爱。北京古黄金树只有18株。

京津冀古树寻踪　北京　东城区

柏林寺蝴蝶槐

树种：蝴蝶槐
科属：豆科 槐属
学名：*Sophora japonica* 'Oligophylla'
树高：12m
胸径：50cm
树龄：200 余年
位置：柏林寺维摩阁院内

　　柏林寺维摩阁院内栽有一株蝴蝶槐，是在清乾隆二十三年（1758年）重修柏林寺时种植的，距今已200余年，是北京的"古蝴蝶槐之最"。蝴蝶槐是国槐变种，叶片5~7枚生长在一起，如翩翩起舞的蝴蝶，给寺院添加勃勃生机。蝴蝶槐夏季开黄白色花，每到花期，吸引大量蜜蜂和蝴蝶，真假蝴蝶交映相衬，别具风采。

天坛公园九龙柏

树种：桧柏
科属：柏科 圆柏属
学名：*Sabina chinensis*
树高：8.5m
胸径：114cm
树龄：600 余年
位置：天坛公园回音壁西北角

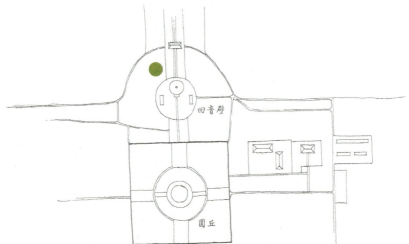

九龙柏，又名"九龙迎圣"，此柏青针翠绿，虬枝铜柯，古朴苍润，其树干间有纵向沟壑，将树身分为若干股，扭曲向上，宛如九条蟠龙缠绕升腾，森然欲动。

传说有一年乾隆皇帝祭祀，前来天坛视察皇穹宇，朦胧间听见皇穹宇西庑后有声音，寻声查找，发现有九蛇朝圣，乾隆帝眼见九蛇游至垣墙外消失，抬头间赫然发现这棵柏树昂然伫立，顿悟这九龙柏乃神蛇变化，后来人们就将这棵树称为"九龙柏"。该树于2018年被评为"北京最美十大树王"。

天坛公园问天柏

树种：桧柏
科属：柏科 圆柏属
学名：*Sabina chinensis*
树高：11m
胸径：91cm
树龄：300余年
位置：天坛公园回音壁外西南侧

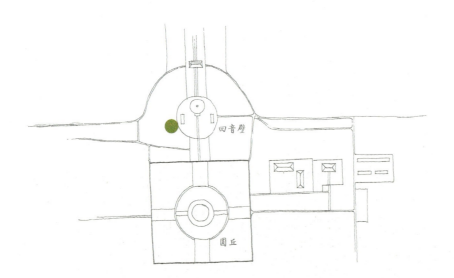

　　此树近垣而生，兀立挺拔，树上有枯干，一个大枯枝好像一个人身正仰视天空，状似古人，峨冠宽袖，昂首倨然，仿佛是怒指苍穹。1986年，一位摄影爱好者觉其形状酷似我国古代伟大爱国诗人屈原在仰天长问，故以"屈原问天"题其景，遂有佳名。

中山公园辽柏群

树种：侧柏
科属：柏科 侧柏属
学名：*Platycladus orientalis*
树高：11~16m
胸径：164~194cm
树龄：1000 余年
位置：中山公园南坛门外

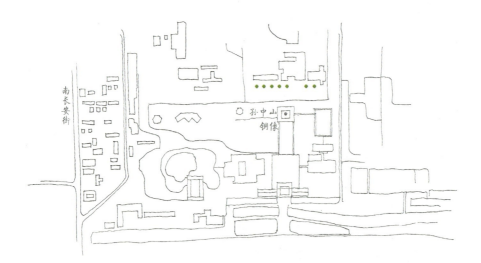

中山公园的位置是公元 10 世纪辽代兴国寺的原址，现今南坛门外有 7 株较大的古侧柏，相传为兴国寺之遗物，故称"辽柏"，距今已 1000 多年了。北京中央公园（今中山公园）的创办人朱启钤在 1914 年所作《中央公园记》中，有一段古柏的记载："环坛古柏，井然森列，大都明初筑坛时所树。今围丈八尺者四株，丈五六尺者三株，斯为最巨。丈四尺至盈丈者百二十一株，不盈丈者六百三株。次之未及五尺者，二百四十余株。又已枯者百余株。围径既殊，年纪可度。最巨七株皆在坛南，相传为金元古刹所遗。"经测量，辽柏中最粗一株胸径近 2m，需 4 名成年人展双臂合抱，才能围干一周；其中一株主干上有 9 个分枝，是园内分枝最多的古柏，分枝上再分枝，宛如千手观音，八面玲珑；还有一株主干紧倚太湖石，如今树石相伴，形影不离；另有一株部分枯干缠绕紫藤，紫藤也已百年有余，藤粗如大碗，蜿蜒而上，每年四月紫花垂满枝头，香风拂面，掩映于郁郁辽柏间，一刚一柔，别有一番情趣。虽同为辽柏，却树姿各异，令人不禁浮想联翩。中山公园内的辽柏群是北京城区有记载的最古老的柏树群，虽历经千年，仍苍翠挺拔。

中山公园槐柏合抱

树种：国槐 侧柏
科属：豆科 槐属；柏科 侧柏属
学名：*Sophora japonica*；
　　　Platycladus orientalis
树高：12m
胸径：110cm
树龄：200 余年；600 余年
位置：中山公园中山像北侧

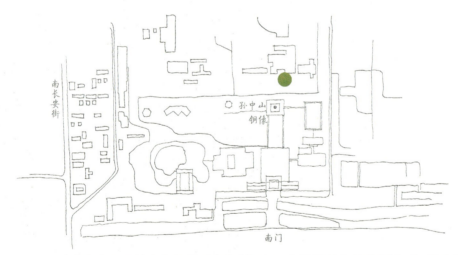

　　在中山公园孙中山铜像后方东侧，有一个独具特色的古树奇观，是由北京的市树——侧柏和国槐合二为一、天然形成的，称为"槐柏合抱"。其中古侧柏已经生长了 600 多年，而古槐则扎根于古柏树干的裂缝中，也生活了 200 多年。从现在的情形可以推断出槐柏合抱形成的过程：古柏在自然生长的过程中，中心腐烂，年深日久形成空洞，一粒槐树的种子被鸟儿或者大风带到了空洞中，靠树洞中积存的雨水和土壤的滋养，生根、发芽、逐渐长大，日积月累，槐树树干越长越粗，终于挣脱柏树的怀抱，茁壮成长，占据了东南方向的空间，而柏树的枝叶多伸展在西北方向。如今槐树巍然挺立、柏树苍劲峭拔，槐柏交相辉映，生机勃勃。

文天祥祠枣树

树种：枣树
科属：鼠李科 枣属
学名：*Ziziphus jujuba*
树高：5.7m
胸径：75cm
树龄：700 余年
位置：府学胡同 63 号文丞相祠堂

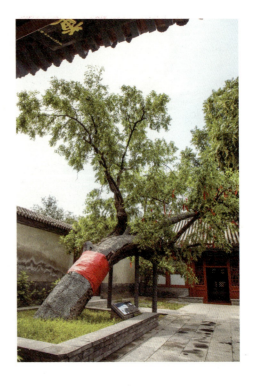

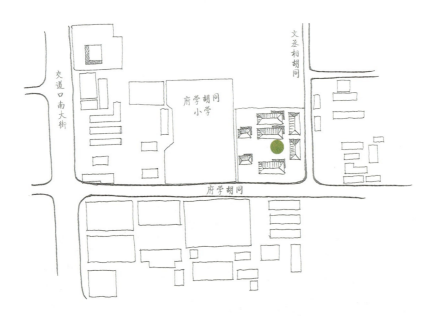

相传此树是文天祥被囚于兵马司时亲手栽种的。这棵枣树的奇特之处就在于尽管枝干虬曲，但却都自然倾斜向南，与地面呈约 45°角，似乎也喻示着文天祥"臣心一片磁针石，不指南方誓不休"的精神。

花市酸枣王

树种：酸枣
科属：鼠李科 枣属
学名：*Ziziphus jujuba* 'Spinosa'
树高：20m
地径：140cm
树龄：800 余年
位置：花市枣苑小区

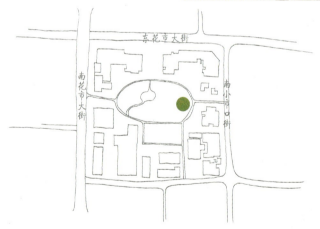

  酸枣为北京乡土树种，多灌木、小乔木状，郊区多有分布。此株分布在城中，树干直立达 20m，实属罕见。据《北京志·市政卷·园林绿化志》记载，其树龄已 800 余年，故誉为"酸枣王"，列为北京市一级保护古树。酸枣王从金代一路走来，经过风风雨雨，遭遇雷击、风霜侵蚀而不死，历明清两代几次冻灾而幸存，依然枝繁叶茂，春华秋实，尤为珍惜，人皆以为吉祥树。该树于 2017 年被评为"全国最美古树"，于 2018 年被评为"北京最美十大树王"。

南锣鼓巷黑枣

树种：黑枣
科属：柿树科 柿树属
学名：*Diospyros lotus*
树高：19m
胸径：89cm
树龄：100 余年
位置：南锣鼓巷沙井胡同 15 号院

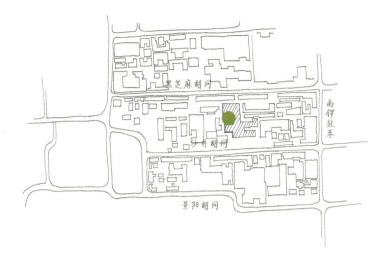

　　黑枣学名君迁子，树皮呈方块状深裂，叶片深绿色；花小，淡黄色；果实球形，熟时蓝黑色，可食用。该树种雌雄异株，此株为雄株，不结实。黑枣抗逆性优于柿树，一般用作嫁接柿树的砧木，很少大量应用在园林中，此株有可能是嫁接柿树未活而生长并保存下来。北京共有古黑枣 6 株，其中此株胸径最粗。

黑芝麻胡同丝棉木

树种：丝棉木
科属：卫矛科 卫矛属
学名：*Euonymus maackii*
树高：16m
地径：58cm
树龄：100余年
位置：黑芝麻胡同

　　丝棉木也叫明开夜合，花朵白天开放，夜晚闭合，果实到秋季成熟时橘红色，呈下垂状，特别漂亮；又因其耐干旱瘠薄能力强，也耐水湿，在窄小的胡同环境中也能茁壮生长，故以前在胡同中栽植较多。其不像槐、柏栽植年代久远，目前以二级古树居多。

西城区

景山公园二将军柏

树种：桧柏
科属：柏科 圆柏属
学名：*Sabina chinensis*
树高：南侧株 11m；北侧株 12m
胸径：南侧株 100cm；北侧株 120cm
树龄：800 余年
位置：景山公园东门内观德殿前

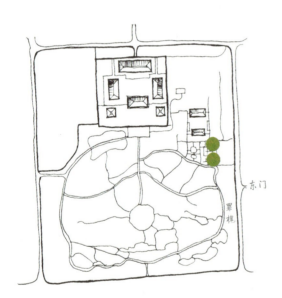

在景山公园牡丹园的东侧，有两株树形苍劲挺拔、高大威武的古柏，就是景山有名的"二将军柏"。栽植于辽金时期，枝若龙爪，蔚然壮观。

历史上，观德殿前面的这片地，原本是明清时期帝王的演武场。康熙皇帝登基以后，为了使八旗子弟不忘马背民族的骑射传统，经常在观德殿前考验儿臣骑射武艺，并进行亲射示范。相传演武时所骑的御用马匹就拴在这两棵柏树东面的御马圈中。为了提倡忠勇神武的精神，康熙皇帝为观德殿东边的护国忠义庙题写了"忠义"匾额，并将这两株并立古柏命名为"二将军柏"。

景山公园槐中槐

树种：国槐
科属：豆科 槐属
学名：*Sophora japonica*
树高：20m
胸径：200cm
树龄：1000 余年
位置：景山公园永恩殿山门西侧

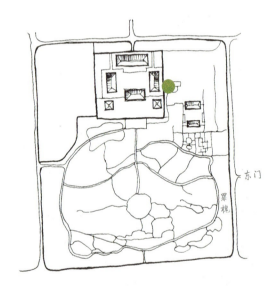

　　这棵槐树是景山公园里树龄最长的古树，从远处看，古槐的树干高耸挺拔，枝干舒展昂扬，叶茂荫茸，生机勃发。但走到近处，就会发现它的主干早已朽空，只剩下很薄的木栓层和苍老的树皮支撑着树冠并维持着生机。

　　相传古槐曾经悬挂一块铸铁的云板用来报时，后来铁云板随着大树的不断生长，逐渐长入树里，树干开始空朽，因年代久远，树上的铸铁云板早已不知去向。有趣的是，不知何时，在朽空的树干中又生出一棵小槐树。天长日久，小树的胸径长到 1 尺多，树冠伸出了树洞，外皮与大树的枝干也慢慢地长在了一起。这棵古槐的怀中生出小槐树，成为北京城中极其罕见的"母子槐"。

北海公园唐槐

树种：国槐
科属：豆科 槐属
学名：*Sophora japonica*
树高：12.5m
胸径：181.5cm
树龄：1200 余年
位置：北海公园画舫斋院内

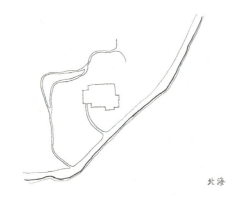

  此树种植于唐代，故名"唐槐"。《日下旧闻考》有如下记载："画舫斋左水石间有古槐一柯，构亭其间，颜曰古柯。"查清史档案记载，乾隆二十三年（1758 年），高宗弘历为了观赏和保护这株古槐，在树侧修筑屋宇，并点缀太湖石假山，取名"古柯庭"，还写有两首诗，《御制古槐诗》："庭宇老槐下，因之名古柯。若寻嘉树传，当赋角弓歌。阅岁三百久，成荫数亩多。底须向王粲，工拙较如何。"《御制古柯庭诗》："古槐五百年，几度荆凡阅。春明迹已邈，淳于梦亦歇。闲庭构其侧，几榻皆清绝。树古庭因古，偶憩辄怡悦。满院绿琼阴，一窗黄夹缬。雇竹如得朋，比榆自多洁。壁间逸史画，早为传神设。""唐槐"上部的原树冠早已枯死，而南侧的一个大枝又形成了新的巨冠，仍是枝繁叶茂，绿冠如茵。此树于 2018 年被评为"北京最美十大树王"。

北海公园白袍将军

树种：白皮松
科属：松科 松属
学名：*Pinus bungeana*
树高：15m
胸径：162cm
树龄：800余年
位置：北海公园团城承光殿东侧

人们在北海前门的大街上，远远就可以看到它银白色的雄姿。这棵白皮松就像一位威武的将军守卫在承光殿前，时刻保护皇帝，不由想起唐太宗和高宗时"三箭定天山"的白袍将军薛仁贵，所以乾隆御封它为"白袍将军"。并写有《古栝行》，诗云："五针为松三为栝，名虽稍异皆其齐。牙嵯数株依睥睨，树古不识何人栽……"（注：我国古人称白皮松为"栝子松"，现在已没有这种叫法）。

明代人韩雍在《赐游西苑记》中记载："圆殿（即团城）古树数株，耸拔参天，众皆昂视，时则暗云翳空，荧光不流。"团城内古树众多，最著名有三株古松，其中两株油松，分别是遮荫侯和探海侯（已亡）；一株白皮松，即白袍将军。

北海公园遮荫侯

树种：油松
科属：松科 松属
学名：*Pinus tabulaeformis*
树高：10.5m
胸径：98.7cm
树龄：800 余年
位置：北海公园团城承光殿东侧

此油松巨冠如伞，遮荫浓郁。相传在清乾隆年间，有一年盛夏，天气十分炎热，乾隆登上团城游玩。因承光殿内又闷又热，酷暑难当，宫人们就摆案于殿外这棵古松的巨冠浓荫下。这时正巧清风徐来，乾隆顿觉凉爽，暑热全消，他望着太液池内，绿荷碧水，粉花朵朵，十分高兴。就效仿秦始皇游泰山时，因避雨而封"五大夫松"的故事，御封团城上的这棵古松为"遮荫侯"。由于它受到皇帝的御封，所以身价倍增，成为京城名松。又相传在给这棵古松封侯以后，也是在一年的炎热夏天，乾隆乘龙船下江南去巡视，在他的头顶上方，总有一块绿云挡住太阳，为他遮荫。人们觉得这块绿云的形状很像京城里团城上的名松"遮荫侯"，而此时"遮荫侯"的生长势正弱。等乾隆回到京城，它又恢复了原状。从此，"遮荫侯"随乾隆爷下江南的故事就在京城传开了。

北海公园小叶朴

树种：小叶朴
科属：榆科 朴属
学名：*Celtis bungeana*
树高：11m
胸径：88cm
树龄：200 余年
位置：北海公园东门南侧

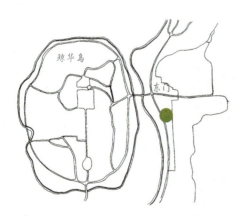

　　小叶朴是榆科朴属乔木，叶片光亮秀美，为北京周边山上自然分布的乡土树种，具有较强的抗干旱和瘠薄能力。小叶朴生命力顽强，具有寿命长的特征，在皇家园林中有较好的寓意和象征，但由于应用不多，能成为古树且生长至今的屈指可数。

京津冀古树寻踪　北京　西城区

西单枣树王

树种：枣树
科属：鼠李科 枣属
学名：*Ziziphus jujuba*
树高：8.7m
胸径：100cm
树龄：600余年
位置：西单小石虎胡同33号

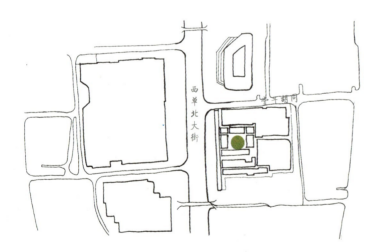

这株枣树始植于明代，有600多年的历史了，是北京枣树中年龄最大的，被称为"京都古枣第一株"。枣树作为经济类树种，有吉祥的寓意，在北京的四合院中栽植较多；枣树有"外表多荆棘，内中实赤心"的精神气节，故在文天祥祠、于谦祠、杨昌济故居、鲁迅故居、老舍故居、田汉故居等名人故居均有栽种。

宋庆龄故居西府海棠

树种：西府海棠
科属：蔷薇科 苹果属
学名：*Malus micromalus*
树高：东侧株 8.4m，西侧株 8.2m
胸径：东侧株 64cm，西侧株 50.3cm
树龄：200 余年
位置：宋庆龄故居畅襟斋门前

西府海棠又名小果海棠，素有花中神仙、花贵妃之称，皇家园林中常与玉兰、牡丹、桂花相伴，形成"玉棠富贵"的意境。宋庆龄故居的两株海棠树，位于清朝醇王府花园内。春光明媚时，满树娇艳缤纷的海棠花；秋色绚烂时，枝头挂满累累的海棠果。宋庆龄曾用来制作海棠果酱。古西府海棠北京只有六株。此树于 2018 年被评为"北京最美十大树王"。

京津冀古树寻踪　北京　西城区

北礼士路苦楝

树种：楝树
科属：楝科 楝属
学名：*Melia azedarach*
树高：18.2m
胸径：70cm
树龄：100 余年
位置：北礼士路新华印刷东门内

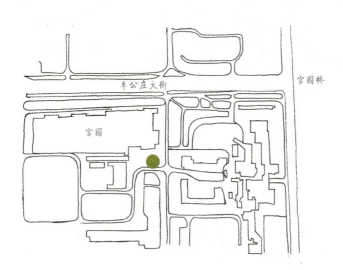

　　苦楝也叫楝树，与香椿同科，在北京属边缘树种，抗寒性不强，多生长在背风向阳小气候或精心养护的环境，能长成百年以上也实属不易。这株苦楝冠大荫浓，遮荫效果极好，5月份盛开淡紫色的圆锥花序，吸引行人驻足观赏。有关描述楝树的诗句有："满枝黄果赛桃花，只是树高谁判它，迎夏淡香阵阵窜，紫英满冠晒芳华。"楝树是春末夏初少有的开淡紫色花的乔木，秋季球形的果实挂满枝头，颇具观赏价值。

京津冀古树寻踪　北京　西城区

法源寺文冠果

树种：文冠果
科属：无患子科 文冠果属
学名：*Xanthoceras sorbifolia*
树高：7m
胸径：31cm
树龄：200 余年
位置：法源寺内鼓楼前

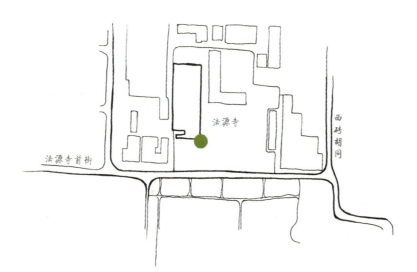

　　文冠果又名文官果，是中国特有的树种，通身是宝，也称"北方油茶"，它春季白花满树，甚是美观。法源寺这株文冠果为清代所植，古文冠果北京仅存三株。文冠果 4 月下旬开花，花白色略带紫斑，花期可持续 20 余天；蒴果可榨油，形如文官官帽，故有"文官"的寓意，深得文人墨士喜爱，常植于院落。

朝阳区

金盏乡干妈柏

树种：桧柏
科属：柏科 圆柏属
学名：*sabina chinensis*
树高：10m
胸径：98.7cm
树龄：500 余年
位置：金盏乡小店村村西

这株柏树远远望去整个树冠形似女士高卷的云鬓。相传很久以前，有母子俩逃难到此处，被乱军冲散。这位年轻的母亲悲伤欲绝，恍惚中看到一位头顶松枝的老妈妈，微笑着安慰她，之后转身不见。母亲又循迹来到这株树下，抱起正在熟睡的孩子，便尊呼这株大树为"干妈"，将孩子改名"梦松"。从此这株树就成为年轻父母心中的神树，前来拜祭，有的还用一根红线系上包有盐和茶叶的红布包挂在树上，祈求孩子长命百岁。

日坛公园九龙柏

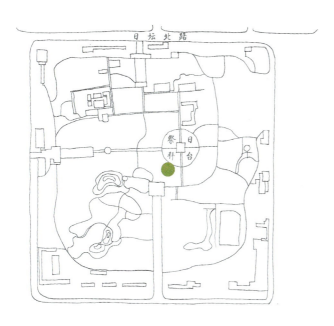

树种：侧柏
科属：柏科 侧柏属
学名：*Platycladus orientalis*
树高：25m
胸径：160cm
树龄：1100 余年
位置：日坛公园祭日拜台外西侧

这棵古柏分枝点低，主干上部分出九条粗壮的分支，如同九条苍龙向四方飞腾，故称作"九龙柏"。此树北侧的几个大枝已完全干枯，南侧大枝仍生机盎然，郁郁葱葱。

东岳庙寿槐

树种：国槐
科属：豆科 槐属
学名：*Sophora japonica*
树高：17m
胸径：176cm
树龄：800余年
位置：东岳庙前院

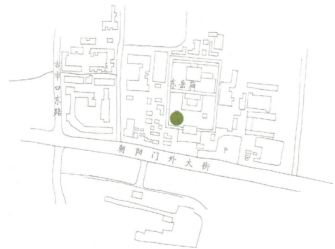

  据说，长寿槐的树龄比东岳庙的历史还要久，历史上京东民间流传"先有老槐树，后有东岳庙"。民间赋予古槐祈盼健康长寿的吉祥寓意，故称作"寿槐"或"福槐"。东岳庙庙会还有一个民俗活动，就是顺时针方向绕着长寿槐走三圈，便能祈福消灾，长命百岁。14世纪初期，东岳庙由张留孙大师兴建，历经二十代沧桑传承，耳濡目染了无数道教祭典和仪式，这株堪称"树圣"的古槐，似乎也充溢着一种神性。

海淀区

大觉寺银杏王

树种：银杏
科属：银杏科 银杏属
学名：*Ginkgo biloba*
树高：13.2m
胸径：246cm
树龄：1000余年
位置：大觉寺无量寿佛殿前

此树植于辽代，树龄已逾千年，人称"银杏树王"。清乾隆帝曾为它的雄姿题诗一首："古柯不计数人围，叶茂孙枝绿荫肥；世外沧桑阅如幻，开山大定记依稀。"记载这首诗的诗碑就在寺内龙王堂假山石当中。乾隆帝曾孙爱新觉罗·奕绘也曾在道光十二年（1832年）《宿大觉寺》这首诗里提到这棵古树："振衣绕佛座，观树下层台。百围古银杏，毫末何年栽？罗生子孙枝，各具栋梁材。"诗文描写得也是相当生动形象。这棵古银杏至今依然树大荫浓，枝繁叶茂，生机勃勃。

京津冀古树寻踪　北京　海淀区

大觉寺玉兰

树种：玉兰
科属：木兰科 木兰属
学名：*Magnolia denudata*
树高：5m
胸径：47cm
树龄：300 余年
位置：大觉寺四宜堂院内

相传此玉兰为该寺清代主持迦陵和尚手植。每年 4 月上旬开花，花期一周左右。玉树琼花，晶莹洁白，满院幽香。到大觉寺赏玉兰，一向为文人墨客的雅事，留下不少脍炙人口的作品。四宜堂北房两侧粉墙上有溥儒 1936 年书写的题壁诗，颇为珍贵。

京津冀古树寻踪　北京　海淀区

大觉寺鼠李寄柏

树种：侧柏 鼠李
科属：柏科 侧柏属；鼠李科 鼠李属
学名：*Platycladus orientalis;Rhamnus davurica*
树高：25m
胸径：127cm
树龄：300余年
位置：大觉寺四宜堂院内西北角

在大觉寺四宜堂古玉兰的西侧，生长着一株侧柏，其1.5m处分生出两个主干，在分叉处生长着一株鼠李，给笔直的树干平添一抹绿色，故称"鼠李寄柏"。鼠李轻盈低矮，已有100多年的历史，在秋季，鼠李枝头挂满黑色的果实。柏树伟岸挺拔，两者高低错落组合堪称一绝，被人们誉为古树奇观。

香山公园听法松

树种：油松
科属：松科 松属
学名：*Pinus tabulaeformis*
树高：南侧株 9m；北侧株 10.5m
胸径：南侧株 92cm；北侧株 71cm
树龄：800 余年
位置：香山公园香山寺西佛殿门外

　　香山公园现存的古松中，最著名的便是香山寺遗址山门前对植的这两棵古松，都是金代所植，至今已 800 多年。清乾隆皇帝曾夸它是"百尺高耸，侧立回声，尤为奇古"。相传在 1400 多年前的南朝时期，有位和尚在此讲经说法，由于讲得义理明澈，竟使愚钝无知的石头蒙受感化。于是乾隆皇帝根据这段神话故事，把这对奇古的松树命名为"听法松"。并在御制《听法松》诗中写道："点头曾有石，听法讵无松。"现在树旁刻石上的"听法松"三字，是 1932 年署名"海城"的人补缀的。

香山公园九龙柏

树种：侧柏
科属：柏科 侧柏属
学名：*Platycladus orientalis*
树高：7.8m
胸径：57cm
树龄：300余年
位置：香山公园碧云寺
　　　金刚宝座塔塔顶

位于碧云寺金刚宝座塔顶部基座后侧，因树干分为九枝，酷似九龙腾舞，故名九龙柏。又因民国初年，孙中山至此，见该树濒临枯萎，曾亲手清理积石，扶植此柏，故又名曰"孙中山扶植柏"。1925年孙中山逝世后，灵柩曾暂厝塔内。1929年移灵前，孔祥熙再观此柏已是青翠茂盛，特撰写"总理亲手扶植塔顶侧柏记"以示纪念。也许是孙中山先生在天之灵守护的缘故吧，这株侧柏至今仍枝繁叶茂，苍翠挺拔。

香山公园三代树

树种：银杏
科属：银杏科 银杏属
学名：*Ginkgo biloba*
树高：17m
胸径：50cm
树龄：300 余年
位置：香山公园碧云寺南侧水泉院

  这是一株 300 余年的古银杏，树干高大挺拔。古寺银杏较多，但这株银杏是从一株干径 1m 多粗的树木残桩中破地而出。1936 年庄榆在《旧都新记》中记载，该树"生于枯根间，初为槐，历数百年而枯；在根中复生一柏，又历数百年而枯；更生一银杏今已参天矣"，并赋诗一首"一树三生独得天，知名知事不知年，问君谁与伴晨夕，只有山腰泪泪泉"。这株银杏树继古槐、古柏后仍茁壮生长，被人们誉为"三代树"，也足以说明银杏寿命长，适宜生长在寺庙。三代树与大觉寺内"古柏蛇葡萄"齐名，并称为"京西二奇树"。

香山公园凤栖松

树种：油松
科属：松科 松属
学名：*Pinus tabulaeformis*
树高：12m
胸径：80cm
树龄：300余年
位置：香山公园见心斋北门外石桥前

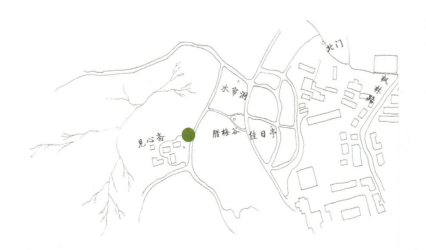

在北京香山公园见心斋北门外的石桥前，有一株奇异的古松。松下侧有一支干枝酷似一只孔雀头，枝下部有一束松枝又恰似雀尾，远远眺望如一只孔雀引首东望，形态逼真，故得名为"凤栖松"。

北京植物园歪脖槐

树种：国槐
科属：豆科 槐属
学名：*Sophora japonica*
树高：13m
胸径：100cm
树龄：400余年
位置：北京植物园曹雪芹纪念馆门口

我国著名红学家吴恩裕教授曾访问香山张永海老人，他记载道："曹雪芹住的地点，在四王府的西边，地藏沟口的左边靠近河的地方；那儿今天还有一棵200多年的大槐树"。原正白旗村39号院（现曹雪芹纪念馆）前后有多株古国槐，据红学家胡德平先生考证，整个正白旗村除这几棵老槐树外，再无其他的老槐树了。而关于曹雪芹在正白旗的故居，香山百姓有"门前古槐歪脖树，小桥流水野芹麻"的说法。恰恰就在曹雪芹纪念馆门口东侧，一株400余年树龄的老槐，横卧在石墙上，主干整体向东南倾斜，从主干顶部分枝处又转直立向上生长，呈"歪脖"状。其高10m有余，胸径1m上下，树瘤凸怪，枝叶苍荫，树身南折，复向东折，如虬龙盘踞，形态异常，每到盛夏时节，故居门前树影斑驳，古雅幽静。

北京植物园海柏

树种：侧柏
科属：柏科 侧柏属
学名：*Platycladus orientalis*
树高：14m
胸径：103cm
树龄：1300 余年
位置：北京植物园卧佛寺内

该树疑为唐朝建寺时所植，树皮纵裂，励宗万的《京城古迹考》中称该树为"苍松"，《游业》中称该树为海松，可见该树在明清之际已经很有名了。为了与古书记载相接，并突显该树"柏"的特性，后将其改名为"海柏"，保留"海"字，改"松"为柏。海柏与卧佛寺古蜡梅距离较近，蜡梅花开时节，海柏的绿色叶片作为背景，更显蜡梅花色之金黄。海柏虽历经沧桑变化，至今仍生长健壮，郁郁葱葱。

北京植物园蜡梅

树种：蜡梅
科属：蜡梅科 蜡梅属
学名：*Chimonanthus praecox* 'Intermedius'
树高：6m
地径：6cm
树龄：1300 余年
位置：北京植物园卧佛寺内

传为唐朝时所植，一度枯萎后再度萌发，又称"二度梅"。蜡梅花期为 2 月中下旬或 3 月上旬，是北京露地最早开花的灌木，金黄色的花瓣，紫红色的花心，尤为醒目。这株系蜡梅野生种，也叫"狗牙蜡梅"、"狗英梅"。由于花期早，又具有"挺秀色于冰途，历贞心于寒道"的特性，历来受到人们的喜爱。

京津冀古树寻踪　北京　海淀区

北京植物园皂荚

树种：皂荚
科属：豆科 皂荚属
学名：*Gleditsia sinensis*
树高：22m
胸径：80cm
树龄：200余年
位置：北京植物园卧佛寺内

　　这株生长于卧佛寺内的皂荚树体高大，冠大荫浓，叶片浓绿，长势健壮。皂荚在微酸、微碱和石灰质土壤中均能生长，对立地条件要求不严，同时果实煎汁后可以用来洗衣服，山区或寺庙常有栽植应用，以供僧人洗衣。皂荚树形优美，寿命较长，且树体刺粗而硬，极少有人砍伐或破坏，目前北京一些公园和郊区寺庙仍保留有皂荚古树。

北京植物园石上松

树种：侧柏
科属：柏科 侧柏属
学名：*Platycladus orientalis*
树高：10m
胸径：35cm
树龄：400余年
位置：北京植物园樱桃沟内

樱桃沟水源头上一块10余米高的巨石上绝顶凌空有一株古侧柏，树根扎入巨石裂缝中，因松柏相近，被称为"石上松"。《春明梦余录》中记载："独岩口古桧一株，根出两石相夹处，盘旋横绕，倒挂于外……是又岩中之奇者也"。相传曹雪芹因看此景而创作了《红楼梦》中"木石前盟"的故事。这处木石相依的天然奇景，吸引了不少文人墨客前来探奇。《日下旧闻考》亦有相同的记载。

此树虽长势一般，但因特殊的树址和其顽强的生命力，确属罕见，其根部粗长如巨鳞，挤满整个石缝，盘旋横绕，倒挂于外。

田村路洋槐

树种：洋槐
科属：豆科 刺槐属
学名：*Robinia pseudoacacia*
树高：19.4m
胸径：101cm
树龄：100余年
位置：田村路乐府江南小区内

　　洋槐也叫刺槐，原产北美，19世纪末引入我国，距今有100多年的栽培历史。洋槐最早系德国人侵占青岛胶东半岛时栽植在山东，后陆续推广应用于其他地区，因耐干旱、瘠薄能力强，成为我国山区造林及城市绿化的主要树种。洋槐的花期在4月下旬至5月上旬，花有白色和红色，具清香气味，可以食用，在北京园林绿地中多有栽植应用。

颐和园介字柏

树种：桧柏
科属：柏科 圆柏属
学名：*Sabina chinensis*
树高：9m
胸径：62cm
树龄：300 余年
位置：颐和园介寿堂

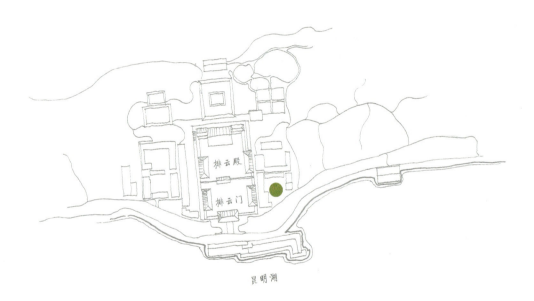

　　介寿堂是排云门东侧的一组四合院式建筑院落，在清漪园佛教建筑慈福楼的基址上改建而成。"介寿"语出《诗经·豳风·七月》中的"为此春酒，以介眉寿"，是说以春酒助人长寿，含有祝福之意。其前院正中植有两株造型奇特的古桧柏，名曰"介字柏"。其中一株较粗的古柏（一级古树）主干基部一分为二，呈人字形连搭；另一株（二级古树）则树形直立，生长于人字中间。两株古柏相互倚靠，好似一个"介"字，无论形、神，皆与"介寿堂"的助寿之意相合。

颐和园玉兰

树种：玉兰
科属：木兰科 木兰属
学名：*Magnolia denudata*
树高：9m
地径：53cm
树龄：近 200 年
位置：颐和园长廊东门邀月门东侧

　　植于清朝乾隆皇帝修建清漪园（今颐和园）时期，距今近 200 年。早在乐寿堂修建前，那里曾是玉兰满园，有紫、白两色玉兰，称为"玉香海"，后来大部分玉兰被入侵北京的英法联军烧毁，只有紫、白玉兰各一株劫后余生，是当年的遗物，如今只剩一株白玉兰。这株玉兰每年春季满树白花，清香四溢，深得游人喜爱。该树于 2018 年被评为"北京最美十大树王"。

北京大学桑树

树种：桑树
科属：桑科 桑属
学名：*Morus alba*
树高：13.9m
胸径：156cm
树龄：300余年
位置：北京大学西门校友桥北侧

　　北京大学校园一隅，有城内最为古老的桑树。桑树是北京的乡土树种，适应性强，生长迅速，叶片表面光泽油亮。这棵古树冠大荫浓，堆积起来的多孔石块支撑着它沉重巨大的树干，一支枝干伸展到旁边的湖水上。

北京大学流苏树

树种：流苏
科属：木犀科 流苏树属
学名：*Chionanthus retusus*
树高：13.2m
胸径：91.5cm
树龄：200 余年
位置：北京大学承泽园秀水楼院内

　　流苏是国家二级保护植物。这株流苏冠幅东西 14.7m，南北 13.5m，是北京罕见的古流苏树。流苏花期在 4 月下旬，花瓣细长，洁白如雪，花量繁丰；落花时节如雪花飘落，让人联想到 4 月飘雪的美丽盛景。

京津冀古树寻踪　北京　海淀区

中国地质大学杜梨

树种：杜梨
科属：蔷薇科 梨属
学名：*Pyrus betulaefolia*
树高：14.8m
胸径：70cm
树龄：100 余年
位置：中国地质大学东南门西侧

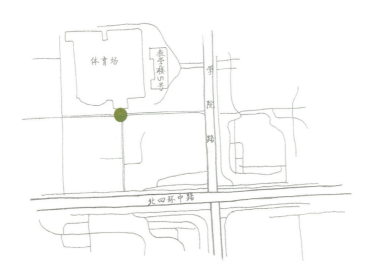

  中国地质大学东南门西侧，生长着一株杜梨树，每到 4 月，满树盛开洁白的花朵，成为校园一道靓丽的风景。杜梨因其抗寒、抗旱、耐低湿和盐碱，寿命长，在北方常作嫁接梨树的砧木，园林直接栽培应用不多，这株杜梨很可能是当时嫁接的梨树未成活，而本身抗性强，春季观花效果好，一直保留至今，成为杜梨中为数不多的古树。

东北义园国难树

树种： 毛白杨
科属： 杨柳科 杨属
学名： *Populus tomentosa*
树高： 东南株 17.7m；西南株 23.7m；
　　　北侧株 16.0m
胸径： 东南株 143cm；西南株 113cm；
　　　北侧株 124cm
树龄： 200 余年
位置： 西静园公墓东北义园内

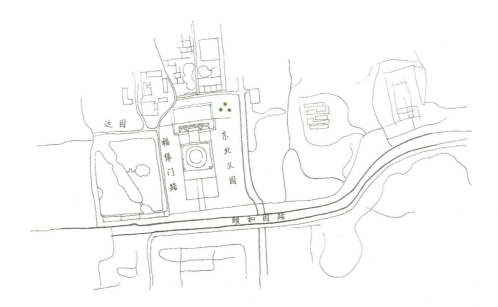

　　国难树系毛白杨，共有三株，也被称作"三义神杨"、"孪生兄弟树"、"姐妹树"。三株毛白杨为怀国遗物，相传系1860年英法联军火烧圆明园时幸存树，后称之为"神树"。三株树无论从哪个角度看，长相非常相似，好像三个孪生姐妹亲密无间，故得名"姐妹树"。又好像三个顶天立地的大汉昂首问天，故又称作"孪生兄弟树"。数百年来，三株毛白杨仍枝繁叶茂、笔直挺拔、根深蒂固，如三名日夜站岗的哨兵，保卫着周边的和平、安宁。

李自成拴马树

树种：银杏
科属：银杏科 银杏属
学名：*Ginkgo biloba*
树高：14m
胸径：255cm
树龄：600 余年
位置：万寿寺路西段马路中央

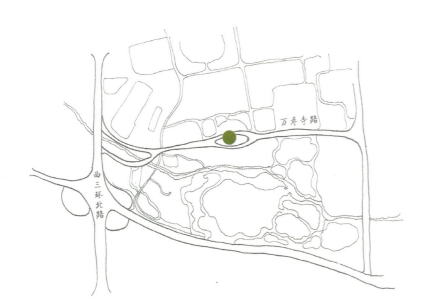

　　1644 年 3 月 17 日，相传李自成率领部队进入长河边的树林，把战马拴在这株银杏树上，在此避雨，此树也因此得名。此树在后来道路扩建时正好在马路中间，为了保护这株古树，特在该树冠幅外围用栅栏圈起来，保证了这株古树健壮生长。每年 11 月叶片变色时期，满树金黄，更是吸引了一批摄影爱好者前来观赏。

京津冀古树寻踪　北京　海淀区

丰台区

长辛店革命槐

树种：国槐
科属：豆科 槐属
学名：*Sophora japonica*
树高：13m
胸径：83cm
树龄：100余年
位置：长辛店第一小学院内

　　丰台区长辛店有座娘娘庙，庙里的一些殿堂，连同庭院里独特的槐树都保留至今，如今这里是一所小学。而这些旧建筑物之所以受到保护，是因为这里是1923年二七铁路工人大罢工之地。罢工组织者们就是在这座小庙里聚会，策划了那次有万名工人参加的革命运动。这株槐树就在这里见证了革命者的英勇气概。

石景山区

八大处黄连木

树种：黄连木
科属：漆树科 黄连木属
学名：*Pistacia chinensis*
树高：20.3m
胸径：74.7cm
树龄：600余年
位置：八大处证果寺袁氏别墅院内

证果寺坐北朝南，位于卢师山腰。山门石阶数十级。阶下竖有二碑，山门之上石额镌有"古刹证果寺"字样，为明英宗御笔。山门以北为大雄宝殿，殿前有铜钟一口，铸于明成化六年（1470年），钟身铸有《摩诃般若波罗蜜多心经》字样隽秀，铸造精良。古黄连木在北京较少，上方山云梯庵后生长一株。

京津冀古树寻踪　北京　石景山区

八角西街银杏

树种：银杏
科属：银杏科 银杏属
学名：*Ginkgo biloba*
树高：22.5m
胸径：213cm
树龄：700余年
位置：八角西街妇女儿童活动中心院内

该银杏树体高大挺拔，主干2m处分出许多侧枝，且侧枝分布均匀，远观姿态优美，冠大荫浓，冠幅达600m^2。一到秋天，金黄色的叶片挂满枝条，落叶时树上树下交相辉映，美不胜收。

门头沟区

潭柘寺娑罗树

树种：七叶树
科属：七叶树科 七叶树属
学名：*Aesculus chinensis*
树高：29.1m
胸径：135cm
树龄：300 余年
位置：潭柘寺大雄宝殿后面东侧

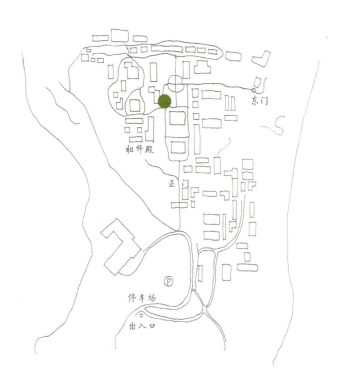

娑罗树是佛教的"圣树"，常见于京西寺院中。在佛教兴盛的北魏，典籍中开始出现娑罗树之名。早在唐以前，娑罗树就有了另一个名字"七叶木"。清代的乾隆皇帝为这种树较过真儿，写诗咏香山寺的娑罗树"岁岁七叶出"。

京津冀古树寻踪　北京　门头沟区

潭柘寺帝王树

树种：银杏
科属：银杏科 银杏属
学名：*Ginkgo biloba*
树高：34.2m
胸径：343cm
树龄：1300 余年
位置：潭柘寺大雄宝殿后面东侧

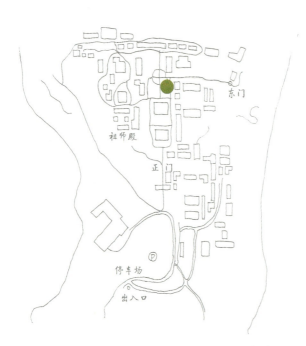

相传每有一皇帝继位，此树即自根部生出一新干，久之与老干渐合，直至清末宣统时又生出一个小干，因此被乾隆封为"帝王树"。这是迄今为止，皇帝对树木御封的最高封号，其名号远在著名的"五大夫松"和"遮荫侯"之上。该树于 2017 年被评为"全国最美古树"，于 2018 年被评为"北京市最美十大树王"。

京津冀古树寻踪　北京　门头沟区

潭柘寺配王树

树种：银杏
科属：银杏科 银杏属
学名：*Ginkgo biloba*
树高：25.1m
胸径：187cm
树龄：600余年
位置：潭柘寺大雄宝殿后面西侧

位于帝王树西侧，与帝王树在院内成对植景观，据鉴定树龄小于帝王树。乾隆皇帝游潭柘寺时，见其树势略逊于帝王树，远观与帝王树较为般配，且银杏雌雄有别，故封其为"配王树"。有趣的是这两株银杏均为雄株，乾隆皇帝配错了鸳鸯。

潭柘寺柘树

树种：柘树
科属：桑科 柘树属
学名：*Cudrania tricuspidata*
树高：6.1m
胸径：39cm
树龄：100 余年
位置：潭柘寺山门前牌楼东南侧

北京有"先有潭柘寺，后有北京城"的说法，潭柘寺的建寺历史远早于北京城的建都史，距今已有 1700 年的历史。潭柘寺因山上有柘树，寺后有龙潭而得名。

柘树为小乔木，有时呈灌木状。潭柘寺原来自然生长有许多柘树，现存柘树古树不多。

潭柘寺玉镶金、金镶玉

树种：玉镶金竹子；金镶玉竹子
科属：禾本科 刚竹属
学名：*Phyllostachys aureosulcata*;
Phyllostachys aureosulcata 'Spectabilis'
树高：7~8m
胸径：3~5cm
树龄：300 余年
位置：潭柘寺流杯亭院内

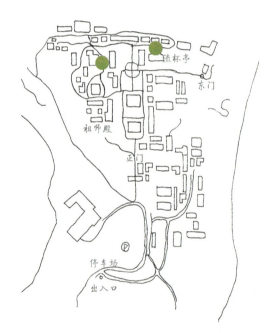

　　潭柘寺的竹子很有特色，在金黄色的竹竿上，每隔一节就会有一道翠绿的竖彩条，且这些竖彩条上下呈直线排列，名叫"金镶玉"，又叫"黄金间碧玉竹"或"黄金挂玉"。还有一种形态刚好与金镶玉相反，是碧绿色的竹竿上每隔一节镶嵌着金黄色的竖彩条，名曰"玉镶金"。竹子节间中空，是佛教主张"空"和"心无"的形象体现，营造出了禅房深邃的意境。

　　1702 年，康熙皇帝游览潭柘寺时，曾写下了一首《咏潭柘寺竹》的诗："翠叶才抽碧玉枝，经旬清影上阶墀。凌霜抱节无人见，终日虚心与凤期。"

戒台寺九龙松

树种：白皮松
科属：松科 松属
学名：*Pinus bungeana*
树高：20.4m
胸径：204cm
树龄：1300 余年
位置：戒台寺戒坛院门前

因其九条庞大的枝干像九条遒劲的龙一样伸向天空，又似九条神龙在守护着戒坛，所以名为"九龙松"，是北京地区同树种最古老的一株。九龙松的树皮色彩不一，薄片状剥落，呈灰白色、浅绿色相间。该树于 2017 年被评为"全国最美古树"，于 2018 年被评为"北京最美十大树王"，是戒台寺五大名松之一。

京津冀古树寻踪　北京　门头沟区

123

戒台寺抱塔松

树种：油松
科属：松科 松属
学名：*Pinus tabulaeformis*
树高：11.2m
胸径：91.1cm
树龄：1000 余年
位置：戒台寺内

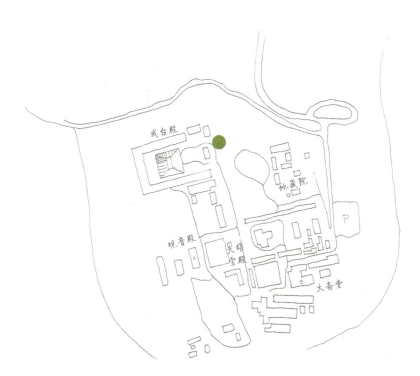

抱塔松 5m 长的主干斜向生长，横空越过台基边缘上的矮墙，两条粗壮的枝条扭转生长，盘绕在辽代名僧法均大师墓塔两侧，形成古松抱塔的独特景观。由于年代久远，现在仅有右侧大枝环抱古塔，但抱塔松的美名已久远传播，成为戒台寺的一大景观。该树为戒台寺五大名松之一。

戒台寺卧龙松

树种：油松
科属：松科 松属
学名：*Pinus tabulaeformis*
树高：3m
胸径：79.6cm
树龄：1000 余年
位置：戒台寺内

"卧龙松"主干横卧生长，鳞片斑驳，犹如一条粗壮的巨龙，从石雕栏杆中横卧到其外，仿佛欲腾云驾雾而飞。在石栏杆外的龙松粗干下面，有一巨石支撑，巨石上书三个红漆大字"卧龙松"，乃清末期赫赫有名的恭亲王奕䜣所书。该树为戒台寺五大名松之一。

戒台寺自在松

树种：油松
科属：松科 松属
学名：*Pinus tabulaeformis*
树高：10m
胸径：80.3cm
树龄：600 余年
位置：戒台寺内

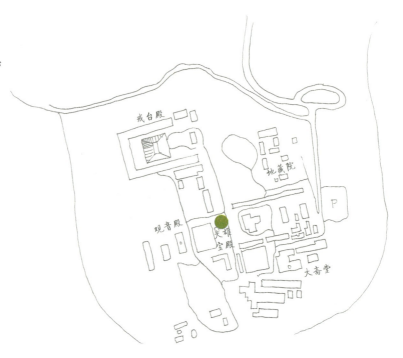

老干舒展，枝叶婆娑，郁郁葱葱，一年四季虽然饮露餐霜，经磨历劫，但却依然舒缓有致，仪态大方，逍遥安然，平淡之中更显得雅韵出姿，故名"自在松"。其一个大枝斜向长长的延神，仿佛是在虔诚的守卫着佛祖，又像在热情地迎接着中外游客。该树为戒台寺五大名松之一。

戒台寺活动松

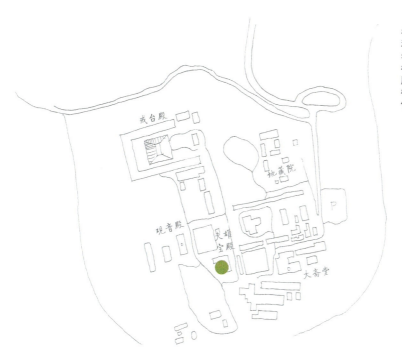

树种：油松
科属：松科 松属
学名：*Pinus tabulaeformis*
树高：11.2m
胸径：74cm
树龄：500 余年
位置：戒台寺内

其形态如一把撑开的大伞，整个树冠全靠主干支撑，横生的细枝相互缠绕，随意拉动任意枝条，全树枝叶俱动，松声翼然，实为"牵一发而动全身"，故名"活动松"。该树为戒台寺五大名松之一。

戒台寺丁香

树种：丁香
科属：木犀科 丁香属
学名：*Syringa oblata*
树高：7m
地径：71cm
树龄：200余年
位置：戒台寺地藏院大门对面

据记载，清高宗皇帝弘历于乾隆十八年（1753年）第一次到戒台寺来游玩时，见寺院内外苍松翠柏，满目青绿，虽然景色很美，但色彩上略显单调了些，于是就命人从圆明园移植来20棵丁香，种进戒台寺内。现在戒台寺的古丁香数目之多，在京城实属罕见，堪称京城第一。其中树龄在200年以上的有20余株，即使在故宫的御花园也仅有两棵。

丁香在戒台寺4月下旬开花，花紫色或白色，香气四溢，每到花开时节，吸引许多摄影爱好者前来驻足拍照。乾隆皇帝对丁香甚是喜爱，多次以丁香为题写下御制诗《丁香花》、《戏题紫白丁香》、《咏紫白丁香》等。

京津冀古树寻踪　北京　门头沟区

西峰寺银杏

树种：银杏
科属：银杏科 银杏属
学名：*Ginkgo biloba*
树高：28m
胸径：244cm
树龄：1000 余年
位置：永定镇国土资源部西峰寺培训中心

　　西峰寺始建于唐，初名会聚寺，元称玉泉寺，寺内清泉一泓，名胜泉池。明正统元年（1436 年）重建，英宗朱祁镇赐名"西峰寺"。寺内一株古银杏，伟岸探天，植于宋代，距今 1000 多年，树下残碑可证明："此鸭脚子（即银杏）种于宋代"。该银杏为雌株，是北京地区结果实最多的古银杏。其主干短粗，树冠高大，侧枝发育粗壮，多层分布，树形圆柱状，枝叶繁茂。

房山区

十字寺银杏

树种：银杏
科属：银杏科 银杏属
学名：*Ginkgo biloba*
树高：17m
胸径：174cm
树龄：800余年
位置：周口店镇车厂子村
　　　十字寺遗址

　　十字寺建于晋代，原是佛寺，唐代改为景教寺院，明清后又成为佛寺。寺内一株银杏枝繁叶茂，附近一方残碑，碑额刻有"十字寺碑"字样。相传1943年，日本人侵华时期，想砍伐此树雕琢工艺品，举斧之时，从附近山洞钻出一条大蛇，直奔银杏而来，吓走了日本人，此树也被保护下来。

上方山柏树王

树种：侧柏
科属：柏科 侧柏属
学名：*Platycladus orientalis*
树高：24 m
胸径：162cm
树龄：1500 余年
位置：上方山国家森林公园
　　　吕祖阁遗址

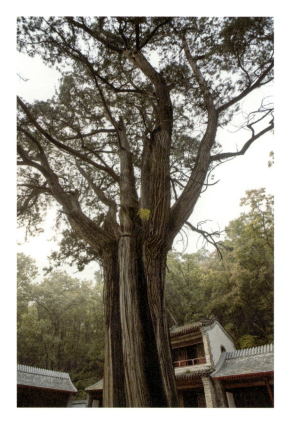

　　吕祖阁相传始建于元代，是山里唯一一处道教场所，建设吕祖阁前，柏树王便已存在，可见其悠久历史。上方山国家森林公园有 4000 余株古树，以侧柏居多，柏树王是上方山地区海拔最高、胸径最粗的古柏，6 个枝杈撑起的树冠遮掩了吕祖阁大半个院落。这株古柏高耸直立，雄伟苍劲，给上方山增添了许多灵气。

十渡镇麻栎

树种：麻栎
科属：壳斗科 栎属
学名：*Quercus acutissima*
树高：18.6m
胸径：72cm
树龄：100 余年
位置：十渡镇六合村娘娘庙

麻栎也叫橡树，叶形与栓皮栎相似，但叶背光滑近无毛。麻栎在北京分布不多，密云和房山有记载，在北京市区基本未推广应用。推测有可能自然生长于娘娘庙，由于具有较强的抗干旱瘠薄能力，故能保存至今，成为古树。

京津冀古树寻踪 北京 房山区

十渡镇元宝枫

树种：元宝枫
科属：槭树科 槭树属
学名：*Acer truncatum*
树高：9m
胸径：64cm
树龄：100 余年
位置：十渡镇六合村娘娘庙

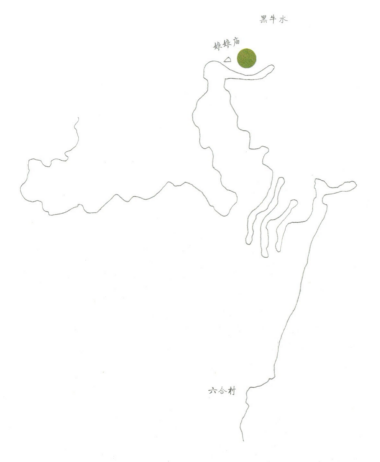

　　元宝枫叶形秀丽，果实似元宝，具有较好的寓意，且为北京乡土树种，自然分布于低海拔山区，秋季叶片变为红色或黄色。娘娘庙位于十渡镇，为低山区元宝枫自然分布带，保存了北京为数不多的元宝枫古树。

通州区

张家湾镇元槐

树种：国槐
科属：豆科 槐属
学名：*Sophora japonica*
树高：22m
胸径：170cm
树龄：400余年
位置：张家湾镇皇木厂村

　　清朝初期，摄政王多尔衮入关后大兴土木工程，从四川、湖南、云南和贵州等省的原始森林中大量选拔胸径80cm以上的树木并砍伐，然后运到今通州储存，并优选好的作为皇家宫殿应用，即今天的皇木厂村。

　　据记载，古槐的东侧是一处码头，清朝末期尚存一长1m、粗33cm拴船用的铁柱子，码头的主人为了方便过往船夫乘凉、歇脚之便，就在此处栽植了生长迅速的槐树。由于槐树寿命长，一直到现在仍生长健壮、枝繁叶茂，让人不禁联想到当年的场景。

张家湾镇枫杨

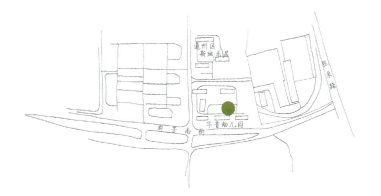

树种：枫杨
科属：胡桃科 枫杨属
学名：*Pterocarya stenoptera*
树高：20m
胸径：97cm
树龄：100余年
位置：张家湾镇新城
　　　乐居小区内

　　枫杨主要分布在黄河流域以南，北京公园内偶有栽培应用，但古枫杨树较为稀少。枫杨奇数羽状复叶，叶轴具绿色狭翅，果实有长翅，一串果实呈下垂状态，远观如串串元宝。枫杨生长迅速，适应性强，该古树经过100余年的洗礼，至今仍冠大荫浓，长势健壮。

三教庙国槐

树种：国槐
科属：豆科 槐属
学名：*Sophora japonica*
树高：12.7m
胸径：134cm
树龄：600 余年
位置：三教庙佑胜教寺内

位于通州旧城北部大成街北侧，儒教的文庙与佛教的佑胜教寺、道教的紫清宫三座独立的庙宇，呈"品"字形布列在通州州治衙署的西围墙之侧，在佑胜教寺西侧，耸立着燃灯佛舍利塔，因而形成了"三庙一塔"的古建筑群，今人概括简称之为"三教庙"。

这株古槐在佑胜教寺内，由于树干空洞，主干已断掉，仅留一侧枝顽强生长。树池周围栏杆和支撑上系满了红色布条，表明游人对此株树的尊重和虔诚。

新华西街洋白蜡

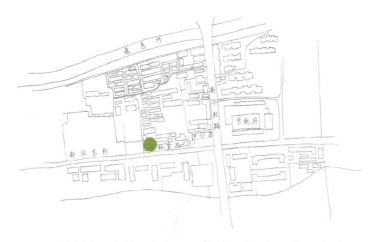

树种：洋白蜡
科属：木犀科 白蜡属
学名：*Fraxinus pennsylvanica*
树高：19.6m
胸径：84cm
树龄：100余年
位置：新华大街117号院内

洋白蜡原产美国东海岸至落基山脉一代，姿态优美，枝叶茂盛，我国引种栽培历史悠久。洋白蜡具有较强的抗盐碱、耐地表热和水湿能力，比较适应北京城市气候，常用作行道树和庭荫树，且叶片生长季深绿而有光泽，秋季变为金黄色，是优良的秋季赏叶树种。

顺义区

牛栏山镇银杏

树种：银杏
科属：银杏科 银杏属
学名：*Ginkgo biloba*
树高：东侧株 9m；西侧株 9.5m
胸径：东侧株 118cm；西侧株 115cm
树龄：900 余年
位置：牛栏山镇大孙各庄村大觉寺遗址

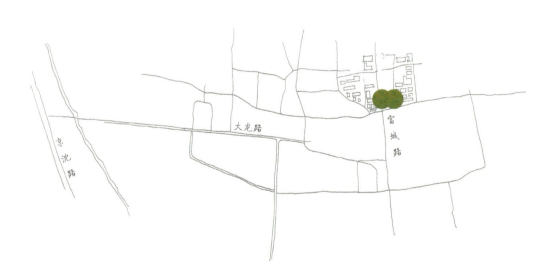

在北孙各庄大觉寺遗址上，生长有两株古银杏。两株银杏东西并排生长，主干已基本干枯，从基部萌发生长许多萌蘖，远观树冠下部郁郁葱葱，树冠上部枯干依然矗立，象征着历史渊源。据说此树植于辽金时期，附近村民常采集银杏叶泡茶或煎熬，采收白果食用，治疗疫病，被当地村民供奉为"神树"。

元圣宫双柏

树种：龙柏
科属：柏科 圆柏属
学名：*Sabina chinensis* 'kaizuca'
树高：东侧株 13.7m；西侧株 12.5m
胸径：东侧株 92cm；西侧株 57cm
树龄：500 余年
位置：牛栏山一中校园内

　　牛栏山一中校园内有一座始于元朝的道观，名叫元圣宫。在庭院里最引人注目的是一对古龙柏，有500余年树龄，枝条密集，繁茂葱郁。龙柏为桧柏的栽培变种，枝条扭转弯曲生长，如龙飞舞在空中。这两株古龙柏因生长在元圣宫，被称为"元圣宫双柏"，当地老百姓视它们为神圣之树。

昌平区

南口镇青檀王

树种：青檀
科属：榆科 青檀属
学名：*Pteroceltis tatarinowii*
树高：10m
胸径：100cm
树龄：3000 余年
位置：南口镇檀峪村檀峪洞口

据《北京古树名木志》记载：古青檀树龄起码在3000年以上，是北京最老的古树，堪称"北京树王"，千年以上的古青檀北京仅存此一株。青檀树又名掉皮榆，为中国特产树种，在北方少有栽植。檀峪村的这棵古青檀能在干旱的华北地区存活下来，且树龄达3000多年，简直就是一个奇迹。最奇特的是，由于长在山坡上，古青檀的根系相当一部分都裸露于岩石之外，粗细大小不同的树根盘根错节，酷似龙的巨爪深深嵌入岩石之中，树石完全交融。

南口镇酸枣王

树种：酸枣
科属：鼠李科 枣属
学名：*Ziziphus jujuba* 'Spinosa'
树高：东侧株 16m；西侧株 14.8m
胸径：东侧株 90cm；西侧株 86cm
树龄：400 余年
位置：南口镇王庄村南王家坟地

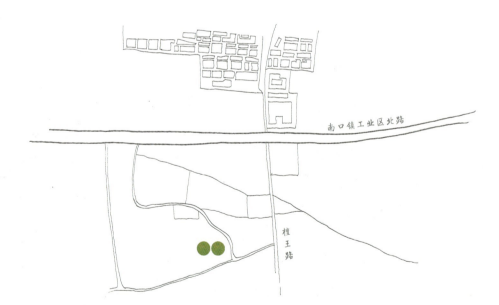

　　这两株酸枣树并列生长在王家坟地，是京郊最大的两株酸枣树，被称为"京郊酸枣王"。酸枣自然分布于北京周边浅山区，多灌木、小乔木状，高度不超过 5m，如此 10 余米高的酸枣树在北京仅次于花市酸枣王，至今两株酸枣树仍枝繁叶茂，秋季果实丰硕。

关沟大神木

树种：银杏
科属：银杏科 银杏属
学名：*Ginkgo biloba*
树高：25m
胸径：238cm
树龄：1200 余年
位置：南口镇居庸关外四桥子村石佛寺遗址

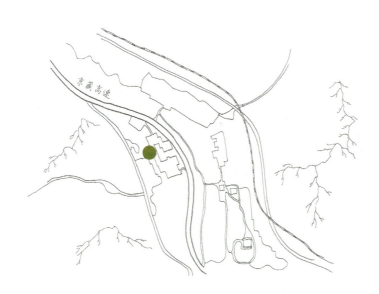

此树是"关沟七十二景"之一。相传大神木南面有一尊石佛，石佛朝北，面对神木，有人把石佛挪面向南，第二天早晨它又转回身仍面向神木朝拜。可见，神木之神奇，故称"关沟大神木"。

长陵龟龙玉树

树种：杜梨
科属：蔷薇科 梨属
学名：*Pyrus betulaefolia*
树高：10m
胸径：69m
树龄：200 余年
位置：明十三陵长陵

长陵有一棵极为奇特的植物——杜梨树，树龄200多年，被称为华北最大的杜梨。它露在外面的树根极为绝妙，根像龟身，干像碑体，远观如一只乌龟驮着一块石碑，故人称"龟龙玉树"。每年4月，满树细碎白色小花在绿叶衬托下素雅洁净，落花时节片片白花随风飘落，与长陵的场景相映衬，寄托无限哀思。

长陵卧龙松

树种：油松
科属：松科 松属
学名：*Pinus tabulaeformis*
树高：11m
胸径：81cm
树龄：600余年
位置：明十三陵长陵

　　长陵为永乐皇帝之陵。在大门内侧屹立着一棵600多年树龄的巨大松树，人称"卧龙松"，自然也成了长眠于此的帝王的化身。

延寿寺盘龙松

树种：油松
科属：松科 松属
学名：*Pinus tabulaeformis*
树高：4m
胸径：75cm
树龄：800 余年
位置：长岭镇黑山寨村延寿寺

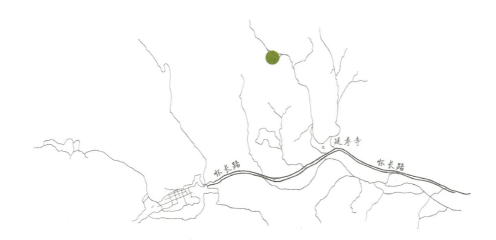

　　盘龙松有"华北第一奇松"、"京郊第一松"之称，它虽不高，但树冠却极大，几乎占了大半个院子。盘龙松的很多大枝都是相互盘旋缠绕，重复叠压九层之多，整个造型中高外低，从不同角度给人以不同的艺术享受。登高远望似一绿丘，树下仰视枝干盘桓交错，无不重叠，平视直干，如苍龙盘舞，与邻近的庙宇相映争辉，该盘龙松造型巧夺天工，鬼斧神凿，具有很高的观赏及研究价值。

双塔寺银杏

大兴区

树种：银杏
科属：银杏科 银杏属
学名：*Ginkgo biloba*
树高：16.5m
胸径：141cm
树龄：500 余年
位置：安定镇前安定村双塔寺遗址

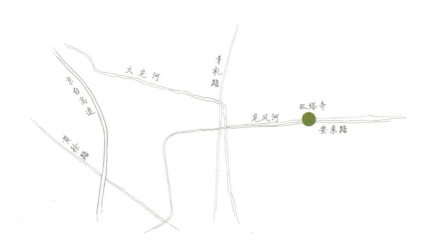

　　东汉开国皇帝刘秀，于公元 24 年，经双塔寺，遭遇王莽下属突袭，在此银杏树下化险为夷，5 月，刘秀攻下邯郸后将其处死。公元 25 年 6 月，刘秀到鄗称帝，不忘当年银杏树下惊险一幕，为感谢此树，下诏重修双塔寺。西汉末距今已近 2000 年，双塔寺银杏想必是后人补栽，或是树干老朽后萌生的幼树。

南冶村栗祖

怀柔区

树种：板栗
科属：壳斗科 栗属
学名：*Castanea mollissima*
树高：13.1m
胸径：146cm
树龄：900余年
位置：渤海镇南冶村小梁南

怀柔板栗栽植历史悠久，蕴藏着深厚的历史文化，远近闻名。《史记》的《货殖列传》中就有"燕，秦千树栗……此其人皆与千户侯等"的记载。唐代以后，历朝多将板栗列为贡品，明代更是将怀柔板栗作为十三陵的主要祭品。为供奉朝廷特需和明皇陵祭奠，明朝廷在十三陵附近的州县设立榛厂，专职负责提供板栗、核桃等祭奠品的生产和交纳事宜。据专家考证，至今怀柔留存了明代和清代栽种的40000余株板栗，百年以上的随处可见。

该株板栗因年代久远，被封为"栗祖"，至今仍枝繁叶茂，硕果累累，曾记载最高产量达300kg，是整个怀柔单株产量最高的一株，有"板栗王"之美称。

宝山镇槲树

树种：槲树
科属：壳斗科 栎属
学名：*Quercus dentata*
树高：13m
胸径：123cm
树龄：500 余年
位置：宝山镇对石村北山坡

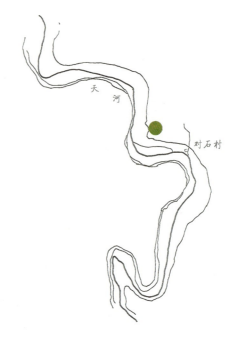

槲树又名菠萝叶，是北方荒山造林树种。这株古槲树树冠饱满，秋叶美丽，年年硕果累累，当地人称"菜奶奶树"。将其供作神树，有病有灾或有困难就会祭拜她，也使这株槲树得以保存下来。该树于 2017 年被评为"全国最美古树"。

红螺寺紫藤寄松

树种：油松 紫藤
科属：松科 松属；豆科 紫藤属
学名：*Pinus tabulaeformis*; *Wisteria sinensis*
树高：7m
胸径：50cm
树龄：800余年
位置：红螺寺护国资禅寺内

　　紫藤寄松系一株紫藤缠绕生长于古油松上。该油松树枝水平展开，覆盖面积 80m²，几乎占据整个院落。相传寺内和尚为便于乘凉，用柏木柱子将松枝支撑起来，搭建成坚固耐久的松树凉亭。油松下栽植有两株紫藤，环绕盘树而上，每到 4 月花开时节，串串紫藤淡雅别致、香气四溢，如串串铃铛向游人传播着快乐和幸福。因紫藤缠绕于油松共生，"紫藤寄松"由此得名，至今仍枝叶茂盛、茁壮生长，此景被称为红螺寺"三绝景"之一。

红螺寺雌雄银杏

树种：银杏
科属：银杏科 银杏属
学名：*Ginkgo biloba*
树高：东侧株 15m；西侧株 25m
胸径：东侧株 80cm；西侧株 120cm
树龄：1100 余年
位置：红螺寺大雄宝殿前

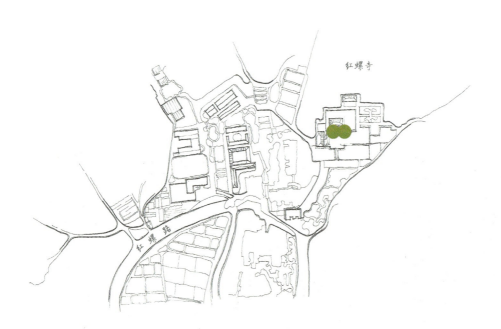

　　红螺寺大雄宝殿前的月台两侧，各生长着一株古银杏树，东雌西雄，雌株婀娜清秀，雄株刚劲挺拔，虽逾千年，仍枝繁叶茂，生机不减。有句俗语说："独木难成林"，而红螺寺中的雄银杏树却有"独木成林"之势，因为它从根部长出了 10 个笔直向上发展的枝干。此景有三大特征：两株银杏雌雄分，夫妻子女一家亲，雄株独木却成林。雌雄银杏被称为红螺寺"三绝景"之一。

天宫童子和孔雀仙子

树种：银杏
科属：银杏科 银杏属
学名：*Ginkgo biloba*
树高：13.8m；24m
胸径：152cm；191cm
树龄：400 余年；500 余年
位置：天宫童子（雄株），怀北镇大水峪村内；
　　　孔雀仙子（雌株），怀北镇政府（原金灯寺）院内

　　相传很早之前，大水峪村北山住着一对以打猎为生的夫妇，老年喜得一子，取名立云。立云打猎的途中发现一只猛虎正在追咬一只如花似锦的孔雀仙子。他拔刀上前与猛虎奋战，并赶走猛虎，把孔雀带回家中精心喂养。这只孔雀后来化成一位美貌出众的女子，并与立云结为夫妻，两人过着幸福美满的生活。两人死后，变成雌雄银杏种子，分别飘落在大水峪村和西庄，几天之内就长成大树，日日相对，夜夜相守，形成人间传说的"白果恋"。如今，两株古树仍巍然毅力，健壮生长，枝繁叶茂。

京津冀古树寻踪　北京　怀柔区

鸽子堂蒙古栎

树种：蒙古栎
科属：壳斗科 栎属
学名：*Quercus mongolica*
树高：12m
胸径：90cm
树龄：200 余年
位置：宝山镇鸽子堂

蒙古栎也叫柞树，当地老百姓也称其为橡树，或栎树，广布于北京周边山区，常与油松混配生长，形成松栎混交林。蒙古栎果实含有丰富的淀粉，可以作为饲料，困难时期也可食用，是荒山造林的主要树种。

柏崖厂汉槐

树种：国槐
科属：豆科 槐属
学名：*Sophora japonica*
树高：12.1m
胸径：199cm
树龄：2000 余年
位置：柏崖厂村东边、
　　　雁栖湖上游西岸

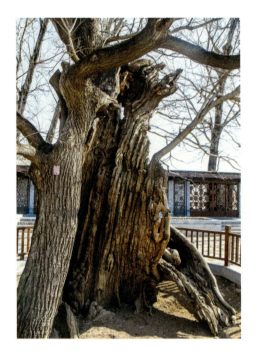

　　该槐树位于怀柔区著名的风景区雁栖湖上游西岸，据考证为汉代所植，距今已有 2000 余年的历史，是北京古槐之最。该槐树主干已经中空，仅靠北部树干支撑着巨树。古槐具有"十槐九空"的特点，此槐虽历尽沧桑，主干空腐，但整个树冠在生长季仍呈现出郁郁葱葱、冠大荫浓的繁茂景观，犹如一位历史老人，向人们讲述着雁栖湖畔的古往今来。

平谷区

鸳鸯银杏树

树种：银杏
科属：银杏科 银杏属
学名：*Ginkgo biloba*
树高：30m；22m
胸径：162cm；127cm
树龄：500余年；500余年
位置：黄松峪乡黄松峪村观音寺遗址；韩庄乡祖务村天兴寺遗址

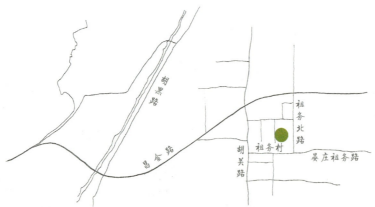

　　鸳鸯银杏树共雌雄两株，其中雌株生长在黄松峪乡黄松峪村观音庙遗址，雄株生长在韩庄乡祖务村天兴寺遗址。据历史记载，在美丽的沟河岸边，有一对青年男女，郎才女貌、两小无猜、感情甚好。到了谈婚论嫁的年龄，俩人却被封建社会的纲常礼教活活给拆散了，没能走到一起的两人，男的入寺为僧，在天兴寺修行；女的削发为尼，在黄松峪观音庙灯塔陪伴。这对有情人不能喜结连理，死后双双化作长寿不老的雌雄银杏，再续前世姻缘。故事略显凄凉，也是人们对美好情缘的一种寄托和哀思。

京津冀古树寻踪　北京　平谷区

政务村旋风柏

树种：侧柏
科属：柏科 侧柏属
学名：*Platycladus orientalis*
树高：11m
胸径：79cm
树龄：500余年
位置：政务村九圣寺遗址

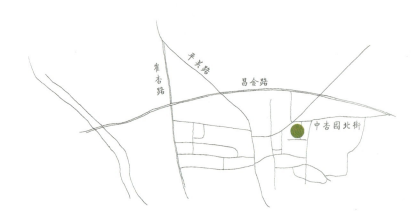

　　旋风柏得名是因为该树干形扭曲向上，一丝不乱，如旋风般。冠幅东西5.2m，南北6.8m。侧柏随着树龄增长，树皮会表现扭转向上的特点，但如此扭曲状态，并不常见，别具风韵。村民们以此树为宝，呵护倍至，树势逐年健壮。

密云区

北白岩村范公柏

树种：侧柏
科属：柏科 侧柏属
学名：*Platycladus orientalis*
树高：14 m
胸径：124 cm
树龄：500 余年
位置：北白岩村幼儿园内

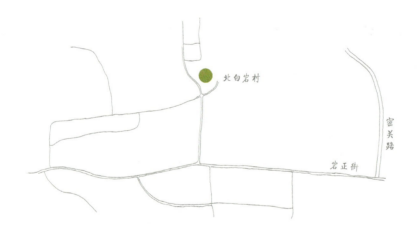

　　在北白岩村幼儿园内有一株引人注目的巨大侧柏树。树干前的一块横向的石碑，由 18 世纪早期的一位高官范承勋铭刻，其中只有几句可以辨认。范承勋有一次路经宝泉寺，欲巨资购买这株古柏为母亲作寿材。寺僧和附近的乡亲请求说，这棵树是圣树，有日月灵气，锯树流血。闻此言，范承勋改变主意，捐巨资保护此树，1707 年，他写诗一首："翳此千古柏，妙色凌青穹。含吐大法云，卓立化入宫。石泉滋其根，冰雪竖其中。具足寿者相，寒燠长葱茏。"

巨各庄镇银杏王

树种：银杏
科属：银杏科 银杏属
学名：*Ginkgo biloba*
树高：15 m
胸径：382 cm
树龄：1300 余年
位置：巨各庄镇塘子村小学院内

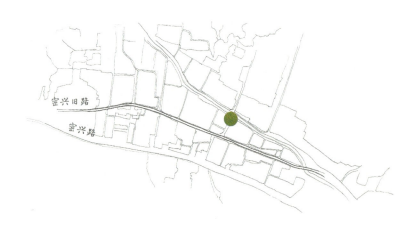

  在密云区巨各庄镇塘子村塘子小学后院内有一株古银杏，冠幅较大，占地约 600m²，是北京地区最粗的一株古银杏。塘子小学原为唐代香严寺遗址，此寺始建于唐代，原名弥勒院。元代重建，原寺内有碑文记："此鸭脚子植于唐代以前"，由此可证，树龄约在 1300 年左右，是北京的古银杏之最。

九搂十八杈

树种：侧柏
科属：柏科 侧柏属
学名：*Platycladus orientalis*
树高：18m
胸径：284.5cm
树龄：3000 余年
位置：新城子镇新城子村门外关帝庙遗址

此古柏位于密云区新城子镇新城子村北门外公路西侧的小山坡，主干距地面约 2m 处分成 18 个枝杈，最细的也有一搂多粗，故得名"九搂十八杈"，推断树龄 3000 多年，是北京树龄最长的古树。因柏的树冠极大，遮荫面积很广，故当地乡民又称此柏为"天棚柏"。它屹立在关帝庙前，人们出于对关公的敬仰，又叫此柏为"护寺柏"，当地人们视此柏为"神柏"。该树于 2018 年被评为"北京最美十大树王"。

京津冀古树寻踪　北京　密云区

云蒙山黄檗

树种：黄檗
科属：芸香科 黄檗属
学名：*Phellodendron amurense*
树高：15m
胸径：39.3 cm
树龄：100 余年
位置：云蒙山风景区门口

黄檗为落叶乔木，全身是宝，综合利用价值较高，是珍贵树种中的精品。树皮木栓层发达，有弹性，内皮鲜黄色，味苦，是一种中药材（黄柏），北京周边云蒙山、妙峰山自然生长良好，但城区应用不多，属于古树中的少见种类。

延庆区

千家店镇柽柳

树种：柽柳
科属：柽柳科 柽柳属
学名：*Tamarix chinensis*
树高：7.7 m
胸径：51cm
树龄：300 余年
位置：千家店镇西店村

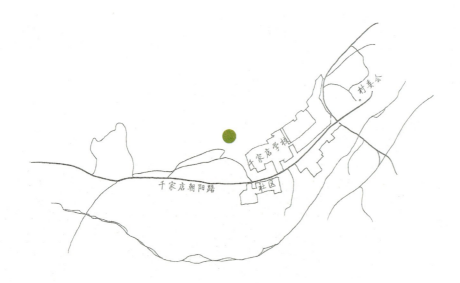

　　柽柳小枝柔软下垂，叶片细小，呈鳞片状。花期春、夏、秋三季，花期长，又得名"三春柳"。花粉色或粉红色，总状花序。柽柳耐盐碱和风沙能力强，延庆位于北京西北风口，旧时风沙大，土壤偏盐碱，栽植柽柳较多，有些保存至今成为古树。

霹破石村车梁木

树种：车梁木
科属：山茱萸科 梾木属
学名：*Cornus walteri*
树高：8m
胸径：71cm
树龄：300余年
位置：大庄科乡霹破石村

霹破石村坐落在一个极为隐秘的山谷里，最瞩目的是一块巨石，巨石顶上有石造的真武庙，石缝上生长着一株车梁木。一直以来，村里的人们都要爬到这个不同寻常的大石头上，来这座真武庙前焚香。这株树被记载为北京最古老的流苏树，但通过实地考察发现，其实是一株车梁木，花期较流苏晚，5月下旬开花，花色洁白素雅，并散发淡淡香气，别有景致。车梁木在北京应用不多，北京山区有自然分布，其古树在北京也实属稀有。

京津冀古树寻踪　北京　延庆区

长寿岭长寿树

树种：榆树
科属：榆科 榆属
学名：*Ulmus pumila*
树高：26m
胸径：220cm
树龄：600余年
位置：千家店镇长寿岭村

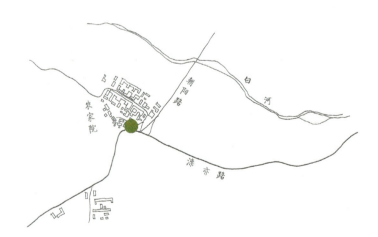

该榆树生长在延庆区千家店镇长寿岭村，相传为明成祖巡视延庆时栽植，有600多年的历史，是目前京郊最古老高大的榆树，被称为"长寿树"，当地的百姓把其视为"神树"。该树于2018年被评为"北京最美十大树王"。

京津冀古树寻踪　北京　延庆区

河北

河北省面积约 18.88 万 km²,辖 11 个地级市和 2 个省直管县级市。11 个地级市包括石家庄市、承德市、张家口市、秦皇岛市、唐山市、廊坊市、保定市、沧州市、衡水市、邢台市和邯郸市,两个省直管县级市为定州市和辛集市。截至 2017 年,全省共有古树名木 110697 株(含古树群)。

石家庄市

正定国槐

树种：国槐
科属：豆科 槐属
学名：*Sophora japonica*
树高：14m
胸径：132cm
树龄：600余年
位置：正定县政府门前

　　据史料记载，县政府原址为历代府衙的办公地，元中统三年（1262年）建贞定路署，元末毁于战乱，明洪武十年（1377年）修复为真定署，该树为修复真定署时所植。民国二年（1913年）撤府存县后，此地成为县署的办公场所并沿用至今。习近平同志刚刚出任正定县委副书记时，看到院中的老槐树，就询问了具体情况，并说出这样一番话："古树承载着厚重的历史文化，是祖先留给后人的财富。我们不仅要了解它的历史，更要对它们进行保护！"

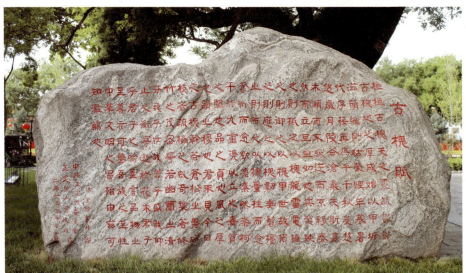

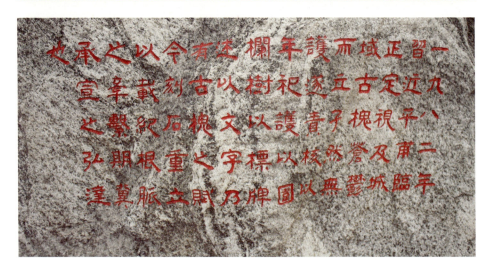

京津冀古树寻踪　河北　石家庄市

正定隆兴寺紫藤

树种：紫藤
科属：豆科 紫藤属
学名：*Wisteria sinensis*
树高：12.4m
地径：31.8cm
树龄：400余年
位置：正定隆兴寺

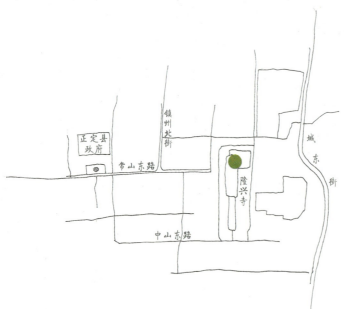

正定隆兴寺雨花堂内紫藤，攀附于一株柏树之上。清代著名诗人赵文濂到隆兴寺赏花时，留下一首诗《咏正定——隆兴寺看牡丹》，诗中也曾提及院内紫藤："葱茏花木依云栽，胜日寻芳特地来。绿竹笋穿砖隙出，紫藤蔓引树头开。药栏荷榭光阴换，梵宇琳宫笑语陪。曲径通幽行不尽，探香更上牡丹台"，形容紫藤的花开艳丽，花香满院。

柏林禅寺侧柏

树种：侧柏
科属：柏科 侧柏属
学名：*Platycladus orientalis*
树高：20m
胸径：120cm
树龄：1300 余年
位置：柏林寺观音殿前

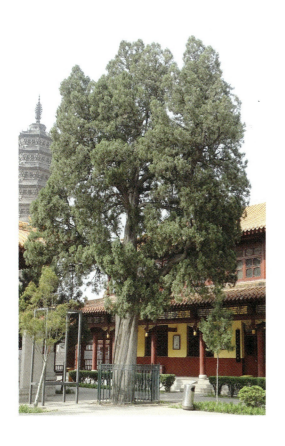

在众多的寺院中以树木的名字来命名的寺院大概要数赵县柏林禅寺最有名气了。千年古柏护佑了千年古刹，不管历史上有多少荣辱兴衰、人聚人散，但是那些古树总是最忠实的见证者。

灵寿流苏

树种：流苏
科属：木犀科 流苏树属
学名：*Chionanthus retusus*
树高：17.7m
胸径：156cm
树龄：1100余年
位置：灵寿县车谷坨村

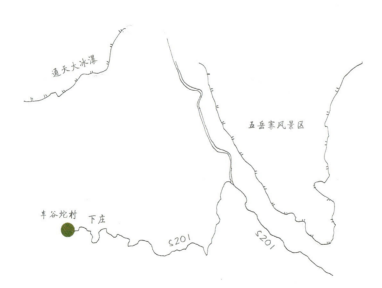

位于灵寿县南营乡车谷坨村旁的土丘上，树下有一条小河流过。据记载，此树系将军李进卿屯兵时所植，距今已有1000余年，为北方少见的千年流苏树。据查，涉县青塔乡一株古流苏树，树高、胸围分别为9.5m和3.6m，树龄仅有300年，由此可见此树为河北省最大的古流苏树。此树长势健壮，枝叶繁盛，村民每年早春采摘其叶作为一年的茶叶饮用，花期如雪压树，为国家二级保护树种。

元氏银杏

树种：银杏
科属：银杏科 银杏属
学名：*Ginkgo biloba*
树高：35m
胸径：135cm
树龄：1000 余年
位置：元氏前仙乡牛家庄村

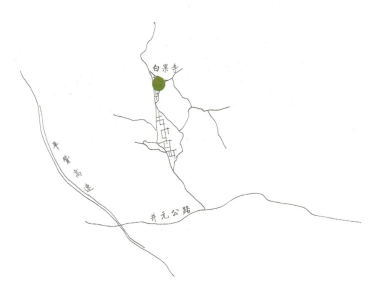

元氏古银杏位于前仙乡牛家庄村。传为隋代植物，明崇祯十五年（公元1642年）《元氏县志》载："樱桃园寺在县西七十里，万历初年，僧众富厚，至今寺中肃然。门前有白果树，势可参天。"

清同治十三年（公元1874年）《元氏县志》记载："白果园在湘山上，即普济寺。寺中多奇花异草，别有风致。寺门前有白果树一棵，大二十余围，殆千年物也。"据崇祯本《县志》记载和有关部门测算，白果树树龄当逾千年，现为元氏县内"万木之冠"，在北方亦属罕见。

董庄梨树群

树种：梨树
科属：蔷薇科 梨属
学名：*Pyrus bretschneideri*
树高：平均6m
胸径：平均80cm
树龄：200余年
位置：赵县谢庄乡董庄村村北

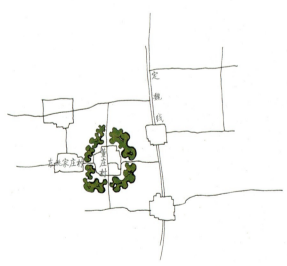

赵县现有25万亩梨园，是全国著名的"雪花梨之乡"。其中谢庄乡董庄村梨园有19株树龄200年以上的古梨树，每到春季，梨花似雪，蔚然成景。

京津冀古树寻踪 河北 石家庄市

鹿泉蜡梅

树种：蜡梅
科属：蜡梅科 蜡梅属
学名：*Chimonanthus praecox*
树高：6m
地径：14cm
树龄：300 余年
位置：鹿泉区获鹿镇五街

位于鹿泉区获鹿镇五街，冠幅6m×8m，灌木状丛生，生长旺盛，花苞多，花色似黄蜡。每年12月下旬至初春开放，届时清香四溢，沁人心肺，树下有大理石雕花围栏，西北侧立一石碑，上有碑文。此树栽于清乾隆年间，是一级保护树木。

鹿泉胡申柏

树种：侧柏
科属：柏科 侧柏属
学名：*Platycladus orientalis*
树高：18m
胸径：96cm
树龄：2000 余年
位置：鹿泉区西胡申村

　　石家庄市古树中树龄最长的要数鹿泉区西胡申村的侧柏，五人方能抱拢。植于汉代初期，虽距今已有2000多年历史，仍枝繁叶茂，生机勃勃，树冠覆地面积300m²。传说当年"背水一战"时，汉朝名将韩信命手下大将胡申找水，胡申寻水未得，感到无颜见韩信和部属，在此树自缢。后人为纪念胡申，取村名为胡申村，此柏树得名"胡申柏"。

京津冀古树寻踪　河北　石家庄市

井陉苍岩山青檀群

树种：青檀
科属：榆科 青檀属
学名：*Pteroceltis tatarinowii*
树高：平均 14m
胸径：平均 80cm
树龄：1000 余年
位置：井陉苍岩山景区

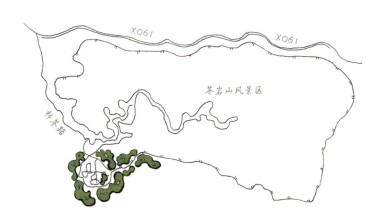

位于井陉县苍岩山景区，树龄达到千年，有"碧涧灵檀"之称。据记载："涧下无土，白檀皆钻缝抱石；枝干无皮，滑溜如新剥；葱茏茂密，苍劲千年；奇形怪状，锷刺青天"。棵棵青檀，姿态各异，裸根盘石，交叉横生，枝干虬曲，玲珑剔透，宛如大自然神工鬼斧造就的巨大盆景，令人叹为观止。

京津冀古树寻踪　河北　石家庄市

井陉楸树

树种：楸树
科属：紫葳科 梓树属
学名：*Catalpa bungei*
树高：16.4m
胸径：231cm
树龄：1000 余年
位置：井陉于家乡张家村

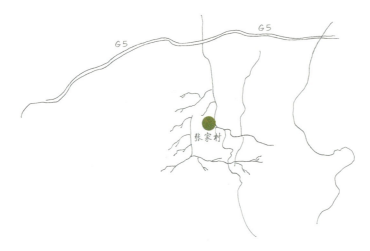

位于于家乡张家村一户农家房前，树龄上千年。该树树根裸露，树形古朴苍劲。古楸树长势正常，枝叶繁茂，能开花结实，树冠似一把大伞，十分雄伟壮观，显示出古楸树顽强的生命力。

平山黄连木

树种：黄连木
科属：漆树科 黄连木属
学名：*Pistacia chinensis*
树高：17.8m
胸径：160cm
树龄：1000 余年
位置：平山县成家庄乡孟家村

在平山县孟家村有一株黄连木。自东侧看，树干粗壮，生长旺盛；从西侧看，树干中空，半张树皮顽强的支撑着树冠。据考证，至今全国尚未发现比它更大的黄连木，也是河北省仅有的几株古黄连木之一，为省内难得的珍贵树种。

平山文庙柏抱桑

树种：侧柏；桑树
科属：柏科 侧柏属；桑科 桑属
学名：*Platycladus orientalis*；*Morus alba*
树高：16.4m
胸径：165cm
树龄：1300 余年
位置：平山文庙

柏抱桑位于平山县文庙院内，一级古树名木。柏树正中生长一株桑树，形成古柏抱桑的奇观。柏树距今已有 1300 多年的历史，桑树距今也有 300 多年的历史。据碑文记载，柏树唐贞观四年（630 年）植，桑树清代生长，民国十四年（1925 年）士绅议伐古柏，知县庞观泉护柏刻铭。1946 年，有人再伐古柏，当此树 6 条大根 4 条被斩断时，时任领导路过文庙制止砍伐，抱桑唐柏难中得救。

平山奶奶庙村核桃

树种：核桃
科属：胡桃科 胡桃属
学名：*Juglans regia*
树高：30.8m
胸径：216cm
树龄：1000余年
位置：平山奶奶庙村

此树位于平山县蛟潭庄镇奶奶庙村路边山下，为华北地区古核桃王。树干直立，有树瘤，长势旺盛，一般年份仍能结核桃300多斤。这棵古核桃守护着村头的"奶奶庙"，十里八村的百姓都来祈福、求平安。

赞皇嶂石岩漆树群

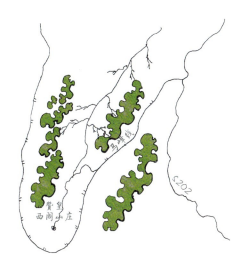

树种：漆树
科属：漆树科 漆树属
学名：*Toxicodendron verniciflunm*
树高：20m
胸径：100cm
树龄：200 余年
位置：赞皇嶂石岩景区

　　漆树是中国最古老的经济树种之一，籽可榨油，木材坚实，为天然涂料、油料和木材兼用树种。漆液是天然树脂涂料，素有"涂料之王"的美誉。这些古漆树位于嶂石岩景区内，因为一段凄美的爱情故事，所以嶂石岩的人们又把漆树叫作"妻树"。

丰宁九龙松

承德市

树种：油松
科属：松科 松属
学名：*Pinus tabulaeformis*
树高：5.8m
胸径：105cm
树龄：1000余年
位置：丰宁县五道营乡三道营村

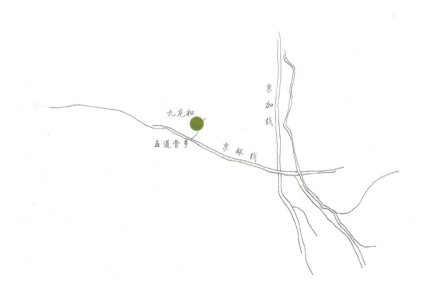

九龙松位于丰宁县五道营乡，据专家考证，此树栽植于北宋中期，历经六朝，距今已有1000年的历史。九龙松枝干最长达13.4m。从其外观看，有九条粗大的枝干，盘旋交织在一起，九条枝干，枝头好似龙头，树身弯弯犹如龙身，树皮呈块状，好似龙鳞，九条枝干条条像龙，飞腾而起，故称其为九龙松，有"天下第一奇松"的称誉。

京津冀古树寻踪　河北　承德市

平泉九龙蟠杨

树种：小叶杨
科属：杨柳科 杨属
学名：*Populus simonii*
树高：15m
地径：根径3分枝，143cm，149cm，117cm
树龄：300余年
位置：平泉县柳溪镇薛杖子村

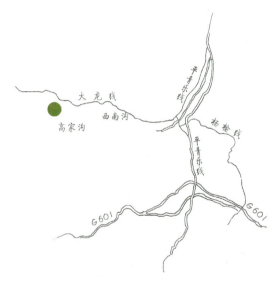

九龙蟠杨树位于平泉辽河源国家森林公园，属小叶杨，树冠占地750m^2，九条侧干虬曲旋转，形态各异，犹如群龙嬉戏，这棵古杨虽经千年风雨，依然枝繁叶茂，生机勃勃，树影婆娑，枝杈间隐隐有缕缕雾霭，随风飘动，从东方远眺恰似中国大地版图，让人拍手叫绝。

相传，圣宗耶律隆绪与皇后来马盂山打猎，见一只八角梅花鹿在一棵杨树上磨角，皇帝搭箭张弓欲射，皇后不忍杀戮这只小生灵，遂抢先拉弓虚发，小鹿闻风而逃，皇帝心领神会，与皇后相视而笑。自此这棵杨树枝干开始发生变化，分成一主两干，相依而对，渐成连理之枝，龙腾之势。当地的老百姓认为这棵树是一棵神树，不论遇到任何困难都会坚强地面对，所以，如果家里有一些难事的时候都会来这里祈求。

平泉文冠果

树种：文冠果
科属：无患子科 文冠果属
学名：*Xanthoceras sorbifolia*
树高：12.3m
胸径：198cm
树龄：300余年
位置：平泉县台头山乡榆树沟村柳条沟

　　雄伟壮观的燕山山脉，像一条巨龙，以它那大气磅礴之势，经由河北省出关一路来到了平泉县境内，又沿平泉县进入了打鹿沟走廊，说来也怪，就在台头山乡榆树沟辖区的柳条沟，戛然而止，断了头，恰到好处地把住山脉的尽头，所以取名为台头山。北侧是悬崖峭壁，只有南侧圆形的山包上生长着一棵文冠果，守护着山的尽头。每到春季盛开白色的花朵，它结出的果实与铃铛一模一样，当地百姓取名为"铃铛果树"。今学名"文冠果"。

避暑山庄油松群

树种：油松
科属：松科 松属
学名：*Pinus tabulaeformis*
树高：平均 20m
胸径：平均 50cm
树龄：300 余年
位置：避暑山庄内

避暑山庄是我国现存最大的古典皇家园林，这里的古松约 700 株，它们是避暑山庄的灵魂，它们的存在使避暑山庄显得古老而沧桑。

康熙在《芝径云堤》诗中描述了"君不见磬锤峰，独峙山麓立其东；又不见万壑松，偃盖重林造化同"。乾隆形容食蔗居"西临幽谷背层峰，峰上苍苍多古松"；形容栴檀林一带"山中多古松，不辨何年种，自是虞夏物，老于右丞弄"，碧静堂附近更是"山阴多古松，岩壑亦复杳"，"大壑之间有古松"。"右招西岭者，老逾彼千年"。300 年来避暑山庄的古树得到了很好的保护，见证着山庄的风雨。

避暑山庄桑树

树种：桑树
科属：桑科 桑属
学名：*Morus alba*
树高：8m
胸径：198cm
树龄：300余年
位置：避暑山庄内

　　承德避暑山庄又名"承德离宫"或"热河行宫"，位于河北省承德市中心北部，武烈河西岸一带狭长的谷地上，是清代皇帝夏天避暑和处理政务的场所，以朴素淡雅的山村野趣为格调，取自然山水之本色，吸收江南塞北之风光，成为中国现存占地最大的古代帝王宫苑。避暑山庄的两株古桑树位于寝宫烟波致爽殿后、云山胜地楼前西侧，与古朴的宫殿、奇石相映成趣。

承德县双龙松

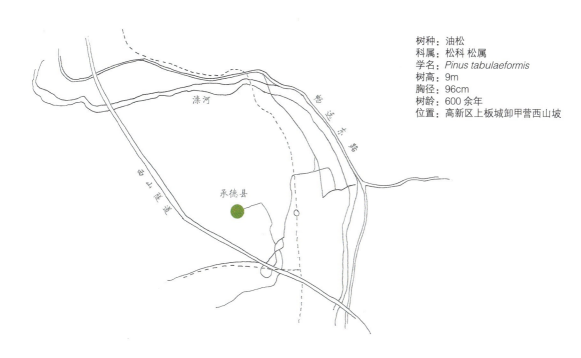

树种：油松
科属：松科 松属
学名：*Pinus tabulaeformis*
树高：9m
胸径：96cm
树龄：600余年
位置：高新区上板城卸甲营西山坡

在承德市南部距市中心10km处的卸甲营村，有一株古松屹立于群山之巅，这就是远近闻名的双龙松。

传穆桂英御辽，获大战洪州之胜后，卸甲休整于滦河南岸小南庄村。此后小南庄易名卸甲营。一日，穆桂英观西山之巅，见云雾腾翻，似双龙游斗，甚是奇异。登临察之，见两座山峦酷似两条腾龙，两峰龙首相对于山巅南北，两脉龙身左盘右旋于山巅东西，恰似一幅"双龙太极图"。为使双龙和谐，在两龙首之间，植松树一株，取名"双龙松"。

高新区秋子梨

树种：秋子梨
科属：蔷薇科 梨属
学名：*Pyrus ussuriensis*
树高：12.6m
胸径：73cm
树龄：300 余年
位置：高新区冯营子乡镇崔梨沟村

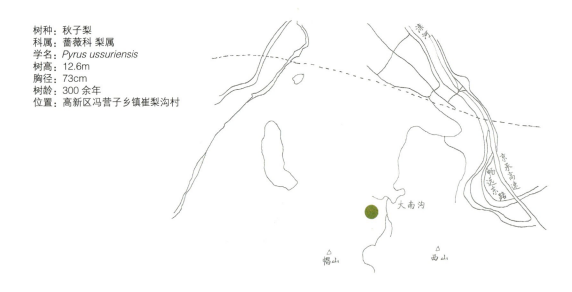

据称一户姓黄的人家从山东来到崔梨沟，用山梨树当砧木嫁接酸梨，刚种下时只有成人一根手指粗细，而现在枝繁叶茂长势良好，两个人都难以环抱。这颗梨树的果实甘甜细腻，年产梨在 1500 斤左右，是该村的明星树。在梨子成熟的季节，很多人驱车前往崔梨沟求购该树结的果实，在市场上供不应求。

小布达拉宫五角枫

树种：五角枫
科属：槭树科 槭树属
学名：*Acer mono*
树高：4m
胸径：119cm
树龄：300余年
生长位置：承德普陀宗乘之庙

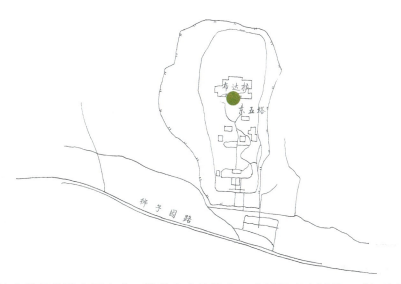

　　承德小布达拉宫就是普陀宗乘之庙，俗称小布达拉宫。在避暑山庄以北，"须弥福寿之庙"的西侧，是一座具有特殊艺术价值的寺庙建筑，是承德外八庙中规模最大的一个，占地面积22万 m²，气势雄伟，十分壮观。小布达拉宫是仿西藏拉萨布达拉宫修建的。在普陀宗乘之庙平台上生长着一棵五角枫，树形优美，与大红台相映成趣。

隆化行走的旱柳

树种：旱柳
科属：杨柳科 柳属
学名：*Salix matsudana*
树高：7.6m
胸径：57.5cm
树龄：200余年
位置：隆化县山湾乡

位于河北省隆化县山湾乡扎扒沟村有一株闻名全国的"会走的柳树"。这株柳树树龄200余年，是适合北方生长的旱柳，生命力极强，由于树身在生长过程中先端在重力作用下向下垂，着地后生根，其背部不定芽萌发，又生长出新的枝条继续往前生长，原树干逐渐腐烂消失。在植物趋光趋水性的作用下，始终围绕水和光照充足的河沟转来转去，致使该树不断向前"走"，便有了"行走的柳树"之称。这株古树"行走"了200余年，四渡旱河，移动了150余米。这株古树不仅位置发生了变化，而且高度、形状也在不断发生变化，如今继续"前行"着。

涿鹿轩辕杨

张家口市

树种：小叶杨
科属：杨柳科 杨属
学名：*Populus simonii*
树高：33m
胸径：210cm
树龄：300余年
位置：涿鹿县矾山镇三堡村矾野公路北侧

此树传为黄帝亲手所植，九死九生，现在看到的是第九次生出的新树。寓意黄帝英灵常在，浩气长存，子孙繁衍，长盛不衰。人们为了纪念黄帝功德，又称此树为"轩辕杨"。

涿鹿结义槐

树种：国槐
科属：豆科 槐属
学名：*Sophora japonica*
树高：20m
胸径：78cm；60cm；95cm
树龄：600 余年
位置：涿鹿县栾庄乡黄土坡村

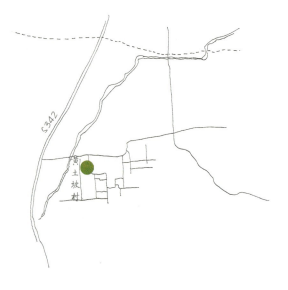

  三株古槐呈鼎立之势，好似三国时刘、关、张三兄弟结义，故称"结义槐"。由于风蚀，古槐根部裸露，大主根共 11 条，粗者直径达 100cm，细者也超过 15cm，树根交错，相互盘生，姿态壮观。其中西北处一株中空，另一株树干有长达 4m 的树洞，但未影响其生长，枝繁叶茂，树体高大。三株古槐树冠相接，融为一体，形成一个巨大的凉棚，每至夏季，槐花满树，清香四溢，令人心旷神怡。

涿鹿赵家蓬核桃

树种：核桃
科属：胡桃科 胡桃属
学名：*Juglans regia*
树高：10m
胸径：80cm
树龄：200余年
位置：涿鹿县赵家蓬

该树年均挂果3000多个，所生产的核桃因材质好、个头大、纹脉深、图案美而闻名全国，是文玩核桃中的上品。2009年被河北省绿化委员会收录为重点保护古树，冠名"河北山核桃王"。

涿鹿蚩尤松

树种：油松
科属：松科 松属
学名：*Pinus tabulaeformis*
树高：32.5m
胸径：131cm
树龄：200 余年
位置：涿鹿县矾山镇龙王塘村委会院内

　　此地为古代黄帝城蚩尤遗址之一，属于蚩尤部落营地，据《魏土地沟》记载，涿鹿地（今矾山古城）东南六里有蚩尤城，蚩尤泉由蚩尤城引涿水，据古蚩尤城遗址约 300m 处有一眼蚩尤泉（曾改名龙泉），据说 5000 年前，蚩尤民汲水饮马，驰骋沙场，战败被杀，阴魂不散而集于泉边，遂长出此油松，故此树被称为蚩尤松。此树枝叶苍翠，遮天蔽日，树干苍劲挺拔，笔直向上，气势磅礴，象征蚩尤雄武彪悍、刚正不阿的性格，现在蚩尤松成为后人凭吊先祖的神圣之树。

崇礼云杉

树种：云杉
科属：松科 云杉属
学名：*Picea asperata*
树高：13.5m
胸径：74cm
树龄：600余年
位置：崇礼县西湾子镇瓦窑村响铃寺

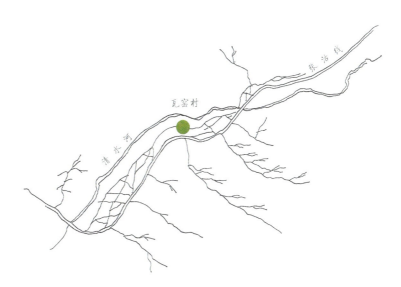

  响铃寺位于西湾子镇瓦窑村西50m处，面积约1580m²，是崇礼县的一处古刹，始建于1344年，至今已有670余年历史。寺内梵殿甚多，檐下有风铃，无风亦能响动，故俗称"响铃寺"。如今寺院不在，只存土碹窑3间，并列的2株松、榆及另外一株云杉作为风景树。响铃寺门前的两棵树也特别神奇，不同树种，却是一般粗、一般高。

崇礼暴马丁香

树种：暴马丁香
科属：木犀科 丁香属
学名：*Syringa reticulata*
树高：14m
胸径：45cm
树龄：500余年
位置：崇礼区四台嘴乡的黄土窑村

  暴马丁香位于道路中间，500余年来屹立不倒，而且生长良好，枝繁叶茂，翠绿盎然。因其生长位置特殊，且此品种长到如此高度的较少，慢慢地被人们视为神树，保一方平安。来往车辆行驶到此棵暴马丁香前都会减速慢行，忍不住瞭望观赏。

赤城榆树

树种：榆树
科属：榆科 榆属
学名：*Ulmus pumila*
树高：28m
胸径：230cm
树龄：1000 余年
位置：赤城县样田乡上马山村

赤城上马山村有古榆两株，据传植于北宋中期，二树相距咫尺，情同伯仲，乡人称曰"兄弟榆"。大者粗需八人合抱，小者亦需五六人，为河北第二粗榆，京西第一粗榆。枝如虬龙，旁逸斜出，历千载沧桑，犹枝繁叶茂，生机盎然。夏季亭亭如盖，绿云荫蔽；冬季瑞雪满枝，峥嵘傲然。地有山谷之物，树有精气之灵，人有厚朴之纯，相生相映。

上马山村村民将两棵古榆奉为镇村之宝，一旦空闲，村中老少都愿意聚集在老榆树下谈天说地。老榆树是何时何人因何事而栽，早已无从说起，但有一点，两棵老榆树是上马山村健在的最年长的老人。见证了上马山村悠久的历史，伴随着上马山村祖祖辈辈的喜怒哀乐与悲欢离合。

京津冀古树寻踪　河北　张家口市

赤城旗杆松

树种：油松
科属：松科 松属
学名：*Pinus tabulaeformis*
树高：18m
胸径：103cm
树龄：700 余年
位置：赤城县云州乡观门口村

　　传为"金阁山灵真观"院内的两根旗杆之一，后长成参天大树。相传，早年有金阁仙人修炼与此，故名金阁山。全真教大宗师丘处机（号长春）的四传弟子祁志诚至此筑观行道，名"云溪观"，苦修十载，誉盖朝野。南宋淳祐十年（1250 年），朝廷赐名"崇真观"。明正统年间，戍边名将昌平侯杨洪大兴土木，拓地扩建，使这块道教圣地更加辉煌森严，灵显四方，从此易名"灵真观"，清帝康熙也曾巡幸于此。所以，此处堪称塞上道观之最。

宣化葡萄

树种：葡萄
科属：葡萄科 葡萄属
学名：*Vitis vinifera*
树高：3.5m
地径：28cm
树龄：600 余年
位置：宣化区观后村

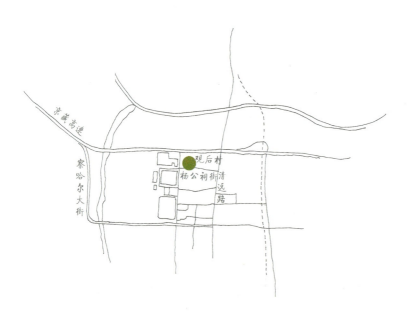

在宣化观后村万年青葡萄园中有一株 600 余年的古葡萄。

明太祖朱元璋称帝后，封第十九子为谷王，就藩宣府，展筑宣化城，兴建葡萄园。大清康熙、乾隆两皇帝曾先后 18 次莅宣巡视。清末，八国联军进逼北京，光绪帝和慈禧太后出京向西时，在宣化留住三日，府城官员以宣化特产牛奶葡萄敬献光绪皇帝和慈禧太后。

后来慈禧回京后，又想起了宣化葡萄，除了下旨将宣化葡萄定为贡品，又下旨让宣化农户从古葡萄上培养幼苗送进宫中在御花园内培养。宣府官员接到旨意后，将这株葡萄特意保护了起来，又让李家世代照顾这株葡萄。

京津冀古树寻踪　河北　张家口市

怀来八棱海棠

树种：八棱海棠
科属：蔷薇科 苹果属
学名：*Malus rubusta*
树高：13m
胸径：100cm
树龄：100 余年
位置：怀来县小南辛堡镇佟庄村上古海棠园中

怀来县小南辛堡镇是我国集中栽植海棠的最大区域。海棠年产量 1500 万 kg，占全国年产量的 60%，其中八棱海棠最负盛名，为怀来县所独有。八棱海棠在怀来县的栽培历史悠久。其果形呈扁平状，四周又有明显的八道棱凸起，故名"八棱海棠"。

秦皇岛市

海港区浅水营银杏

树种：银杏
科属：银杏科 银杏属
学名：*Ginkgo biloba*
树高：18m
胸径：241cm
树龄：2800余年
位置：海港区石门寨浅水营

　　这棵古银杏树，主干粗壮挺拔。其大枝虬曲如龙，伸向四方；其皮隆起似乳；树冠宽大，气势宏伟。据查，明永乐年间（1406年），张、罗、程、宋四姓由山东迁此地落户于此。历经2800年，苍老的银杏仍呈现盎然生机。中空的树洞中抽生出10条粗细不等的枝根，向树洞内深入，从根部又萌生数条新枝。如此顽强的生命力，使老树每年结白果100kg左右。周围的群众对这棵银杏树倍加关爱，不断加强保护和管理，企盼它益寿延年，永远护佑这一带村民丰衣足食。

京津冀古树寻踪　河北　秦皇岛市

北戴河国槐

树种：国槐
科属：豆科 槐属
学名：*Sophora japonica*
树高：16m
胸径：185.4cm
树龄：600 余年
位置：北戴河村

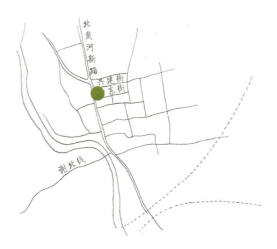

据北戴河村李姓族谱记载：明永乐二年（1404年），李姓先祖李明携家由安徽省凤阳府定远县赴直隶山海卫理镇府司事，然后将家安在戴河东岸北戴家河庄，当时村里共4户人家；相传此槐乃李明来此安家时亲手植于关圣老爷庙前。此树见证了历史的风风雨雨，正是脉衍江南昔年梦，今日神依戴水村。

中国煤矿工人疗养院龙爪槐

树种：龙爪槐
科属：豆科 槐属
学名：*Sophora japonica* 'pendula'
树高：5m
胸径：40.8cm
树龄：100余年
位置：北戴河中国煤矿工人疗养院内

此树树形奇特、优美，枝条弯曲下垂似龙爪，树干如蛟龙，整个树体犹如一把撑开的绿伞，姿态古雅，绿荫如盖，极具观赏价值。

唐山市

滦州市青龙山银杏

树种：银杏
科属：银杏科 银杏属
学名：*Ginkgo biloba*
树高：25m
胸径：194cm
树龄：1300 余年
位置：青龙山风景名胜区延古寺院内

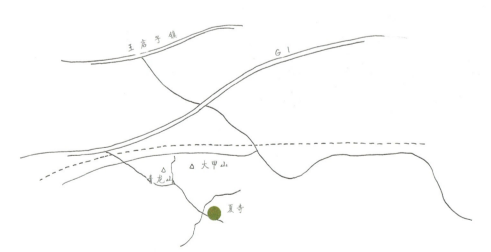

　　据有关资料记载，该树已有 1300 余年，是唐朝贞观年间（627—649 年）栽植的，虽然经历十几个世纪的沧桑，至今仍然枝繁叶茂，蓬勃葱茏。此树最为奇特之处在于树形，其主干之上八个主枝像八条龙形，自天外盘旋而来，连最下方的残存树杈居然也呈龙首望天之像，龙须、龙角一应俱全，民间俗称"九龙朝圣"。

迁西板栗王

树种：板栗
科属：壳斗科 栗属
学名：*Castanea mollissima*
树高：17m
胸径：290cm
树龄：400余年
位置：喜峰雄关大刀园景区内

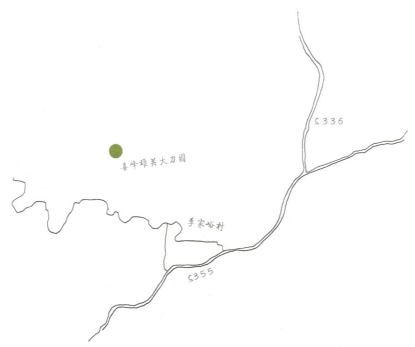

栗树古朴苍劲，虬枝尽展，形状如华盖的老栗树，树龄虽已400余年，仍春夏枝繁叶茂，金秋栗果累累，凡见之者无不啧啧称奇。被誉为"华盖栗神"。

迁西县的板栗栽培历史已有2000多年，《战国策》记载苏秦游说燕文侯时说："燕国……南有碣石雁门之饶，北有枣栗之利，民虽不田作而足于枣栗矣，此所谓天府也。"《史记·货殖列传》："燕秦千树栗……此其人皆千户侯等。"迁西县彼时正是燕国属地。

京津冀古树寻踪　河北　唐山市

菩提岛小叶朴群

树种：小叶朴
科属：榆科 朴属
学名：*Celtis bungeana*
树高：平均 9.5m
胸径：平均 48cm
树龄：200 余年
位置：菩提岛

　　唐山菩提岛上共有小叶朴 2600 多棵，包括百年以上古树 415 棵，为最大的北方小叶朴古树群。古树生长环境是沙质草甸土，土壤较瘠薄，冬季气候寒冷，海拔低，为 3.7m。每年大约 5 月 20 日前开花，花色呈浅黄色。花落后，树枝上便结出一串串菩提籽，10 月下旬成熟，并随风飘落地。但奇怪的是，虽然小叶朴年年花开籽落，但是，这些年来，谁也没有看到一棵新的小叶朴长出来，春季插条也不长根。来过岛上的佛教大师都说菩提岛上的小叶朴，是佛祖神灵之显现，每一棵菩提树都代表一位菩萨。

　　菩提岛的小叶朴，都分布在潮音寺一带，在唐山地区方圆几百公里内少有，因此，它是十分珍贵的。

京津冀古树寻踪　河北　唐山市

清东陵古树群

树种：油松 侧柏
科属：松科 松属；柏科 侧柏属
学名：*Pinus tablaeformis*;
　　　Platycladus orientalis
树高：平均 12m
胸径：平均 50cm
树龄：100 余年
位置：遵化市清东陵

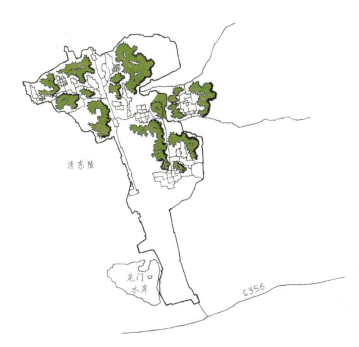

　　清东陵位于河北省遵化市，西距北京市区 125km，是中国现存规模最宏大、体系最完整、布局最得体的帝王陵墓建筑群，国家 5A 级旅游景区，世界文化遗产。为了确保陵寝风水宝地不受破坏，当时的清政府将清东陵以北的 2500km² 区域划为"后龙"禁区，严禁一切砍伐和农耕活动，并大量栽植松柏树。长达 250 多年的封闭，也让该区域的生态得到了有效的保护。清东陵景区内现有古树 3357 株，大多为油松、侧柏，树龄为 100~318 年。油松共 2729 株，侧柏共 597 株，其余为桧柏、白皮松、榆树、国槐等树种。

京津冀古树寻踪　河北　唐山市

三河银杏

廊坊市

树种：银杏
科属：银杏科 银杏属
学名：*Ginkgo biloba*
树高：24.5m
胸径：301cm
树龄：1300余年
位置：三河市新集镇大掠马村

　　距三河市城区东南12.5km处的新集镇大掠马村委会前有一株合二为一的古银杏树，相传唐王李世民东征的大将军尉迟恭路经此地时手植。在民间还流传着一个古老的传说：相传在唐朝时期，唐王李世民东征，大将军尉迟恭行军到此处，身体疲劳，便将雌雄双鞭插在地上，就地休息，双鞭随尉迟恭征战多年，早已有了灵性。于是化作两棵大树为主人乘荫纳凉，尉迟恭一觉醒来，发现双鞭已经不见，原地留下两株银杏树。大掠马古银杏树枝叶茂盛，果实累累，每年都吸引不少游客前来参观并拍照留念。

霸州构树

树种：构树
科属：桑科 构树属
学名：*Broussonetia papyrifera*
树高：10.5m
胸径：110cm
树龄：200余年
位置：霸州市霸州镇城区办院内

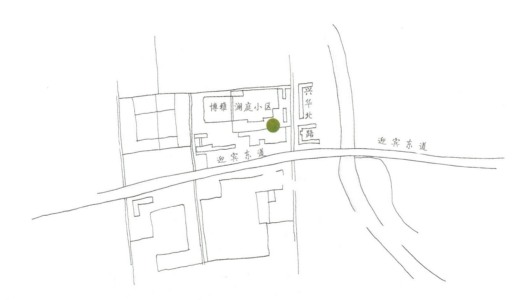

　　霸州构树文化内涵比较丰富，树种珍贵，具有较高的保护价值。该树树皮呈暗灰色，小枝密生柔毛；树冠张开，卵形至广卵形；树皮平滑，浅灰色或灰褐色，不易裂，全株含乳汁。构树为强阳性树种，适应性强，抗逆性强，具有速生、分布广、易繁殖、热量高、轮伐期短的特点。其根系浅，侧根分布很广，生长快，萌芽力和分蘖力强，耐修剪，抗污染性强。其韧皮纤维是造纸的高级原料，材质洁白，其根和种子均可入药，树液可治皮肤病，经济价值很高。

京津冀古树寻踪　河北　廊坊市

固安侧柏

树种：侧柏
科属：柏科 侧柏属
学名：*Platycladus orientalis*
树高：12.3m
胸径：78cm
树龄：1000 余年
位置：固安县牛驼镇北赵各庄村小学

　　牛驼镇北赵各庄学校院内的古柏，历经千年风雨，树身通直高大，树冠完好，生机盎然。村中柏姓人家兴旺发达，至清初便发展为大户。因此，有人想到这或许是冥冥中受到古柏旺盛瑞气眷顾所致，于是古柏便有了灵气。村中老人讲，当年日本鬼子几次通过"鬼子沟"，企图侵犯固安县均遭惨败，使得日本鬼子一看见北赵各庄村头远远矗立着的大柏树，便心惊胆战望而却步了。高大的古柏俨然成了英雄的化身。

大枣林村槐树

树种：国槐
科属：豆科 槐属
学名：*Sophora japonica*
树高：10.3m
胸径：110cm
树龄：600余年
位置：广阳区北旺乡大枣林村

　　这棵古槐见证了大枣林村的变迁，庙宇虽毁，槐树犹存。树系豆科槐属植物，学名国槐。树木一干五枝，枝叶相蔽。树干中空，干周坚实，仍显长者持重沉稳的神韵。抗日战争年间，日本侵略军要修一条公路经过大枣林古槐，日军提出砍树修路。村中百姓冒生命危险同日军多次交涉、巧妙周旋，最终公路绕树而建，大槐树也以砍其五枝中的一枝而得以保存。

大厂槐抱椿

树种：国槐 臭椿
科属：豆科 槐属；苦木科 臭椿属
学名：*Sophora japonica*；
Ailanthus altissima
树高：20m
胸径：130cm
树龄：500余年
位置：陈辛庄村清真寺院内

时光如水，历经岁月风雨，大树中间受到侵蚀慢慢变空，露出一个洞来，不知哪一年的春天，人们发现槐树距地面1m处的树洞内长出一棵小椿树，当时人们认为是天意造化，便顺其自然，任其发展。渐渐地，椿树越长越高，槐树却依然茂盛，成了清真寺的一大奇观。

文安槐树

树种：国槐
科属：豆科 槐属
学名：*Sophora japonica*
树高：6.4m
胸径：137cm
树龄：1200 余年
位置：文安县苏桥镇下武各庄村宅基地院内

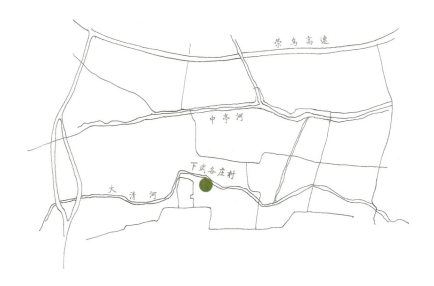

据传此槐唐朝种植，宋朝武将杨六郎转战沙场，在此扎营，将战马拴于树上，后人便将此树称为"杨六郎拴马桩"。该树古老苍劲，需六人才能围拢，小孩儿们常在树洞中嬉戏打闹。1994 年 7 月 24 日，被雷击中，只留有丈高树身。现又萌生枝杈，胸径137cm，冠幅平均 6.6m，枝繁叶茂，郁郁葱葱。

京津冀古树寻踪　河北　廊坊市

香河楸树

树种：楸树
科属：紫葳科 梓树属
学名：*Catalpa bungei*
树高：11m
胸径：120 cm
树龄：400 余年
位置：香河县渠口镇戴家阁村街道

　　这株古楸树位于戴家阁村街道旁，原为戴家阁村观音阁前古树，今阁已毁，只遗此树。据村里的老人讲，此树已有四五百年的树龄。树的附近原有一座古庙——观音阁，随着时代的变迁，古庙已不复存在，而这棵古楸树却顽强地生长到今天。每到立秋之日，树叶皆将背面转向太阳，村民称之为"神树"。

　　戴家阁古楸树，长在原戴家阁小学院内，树高10m左右，虽然将近500岁了，却绿意盎然。春三月，紫白色的花朵，罩满全身，像一个爱俏的老太婆。立秋日，所有叶子都以叶背向外，十分灵俏。

京津冀古树寻踪　河北　廊坊市

阜平周家河侧柏

保定市

树种：侧柏
科属：柏科 侧柏属
学名：*Platycladus orientalis*
树高：16m
胸径：236cm
树龄：2300余年
位置：阜平县周家河村

保定阜平县周家河村的半山腰上有一棵古柏，侧枝直径超1.1m，树冠直径达50m，树龄有2300年之久。古柏主要由三个树干组成，枝繁叶茂，苍劲有力地伸向半空。古柏的西南枝干，伸向周家河村，树枝上缠绕着几条红色绸缎，随风飘扬，静观沙河流淌。电影《树大根深》曾在这里取景，讲述了在革命老区太行山，农场退休老场长卖房回家包山栽树，通过劳动教育儿女如何为官，引导其走正路的故事，集中体现了父爱大如天的主题，反映了保定人善良、勤劳、诚实的品质。

关于周家河村边的三株古树的，有这样一个美丽的传说：在村边的山坡上，生长着一株柏树和两株枫树。据当地百姓讲，先是"柏树王子"在这里常年经风历雨，威武高大。后来经过这里的枫树两姐妹对"柏树王子"一见倾心，决定以身相许，从此就在柏树的树荫处定居下来，常年陪伴着柏树王子。村里的人们都称这三株树为"爱情树"。这些象征爱情的树，在枝与枝、根与根可以触碰到的距离中，默默凝视。虽然岁月轮转，两棵树却相濡以沫、不离不弃，坚守着那个与生俱来、天荒地老的承诺。

满城青檀

树种：青檀
科属：榆科 青檀属
学名：*Pteroceltis tatarinowii*
树高：8.3m
胸径：40cm
树龄：1000 余年
位置：满城区满城镇抱阳村

  在满城区抱阳村抱阳山南山门外的岩隙中，有一棵青檀，树龄已有 1000 年左右，树高 8.3m，胸围 1.26m，冠幅 10m。

  青檀为中国特有的单种属，列入《中国稀有濒危植物名录》稀有类 3 级保护植物。其经济价值同样可观，茎皮、枝皮纤维为制造书画宣纸的优质原料。相传东汉造纸家蔡伦的弟子孔丹偶见一棵古老的青檀树倒在溪边。由于终年日晒水洗，树皮已腐烂变白，露出一缕缕修长洁净的纤维，孔丹取之造纸，经过反复试验，终于造出一种质地绝妙的纸来，这便是后来有名的宣纸。

满城柿树

树种：柿树
科属：柿树科 柿树属
学名：*Diospyros kaki*
树高：16m
胸径：68cm
树龄：1000余年
位置：满城区神星镇东峪村

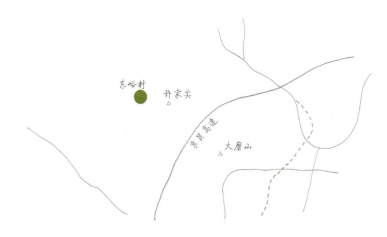

柿子树在神星镇有悠久的栽植历史，距今1000余年，北魏时期就有记载，北宋的孔平仲《咏无核红柿》中曾描写到："林中有丹果，压枝一何稠。为柿已经美，嗟尔骨亦柔。风霜变颜色，雨露上膏油。"虽经千年战火洪荒，古柿树更加苍劲，诉说着历史的沧桑变故。

历经多少代人的精心管理，如今仍枝繁叶茂，连年丰产。据说，柿子沟内的大小柿树均由古柿树繁衍而来，称其为"千年柿树王"当之无愧。

安国槐树

树种：国槐
科属：豆科 槐属
学名：*Sophora japonica*
树高：13m
胸径：111cm
树龄：600余年
位置：安国市祁州镇药市街

  此树坐落在药王庙内，植于明元年，距今有600余年的树龄。民间有句俗话叫"千年柏，万年松，个都比不过老槐树空一空"。这棵古槐的树干已经空了，可是我们看到它依然枝繁叶茂，这就是它神奇的地方。因为槐树本身有灵气，又种植在庙内，是有仙气的，所以当地人把它看成是许愿树，栓上一段红布条，许下一个心愿，表达了人们祈求平安吉祥的美好愿望。

涞源白榆

树种：榆树
科属：榆科 榆属
学名：*Ulmus pumila*
树高：10.5m
胸径：178cm
树龄：500 余年
位置：涞源县涞源镇后堡子村

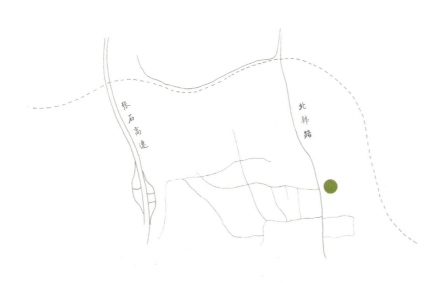

涞源县涞源镇后堡子村村南，原树高 21.5m，冠幅 21.4m。因树干枯朽，2017 年夏季大风将其刮断，现树高 10.5m，冠幅 10m，依然郁郁苍苍，不畏风雨。

白石山红桦树群

树种：红桦
科属：桦木科 桦木属
学名：*Betula albo-sinensis*
树高：7~9m
胸径：20~50cm
树龄：100余年
生长位置：涞源县白石山风景区

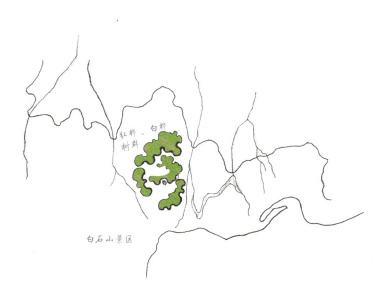

　　白石山的红桦，为原始次生林。1958年成立白石山林场后得到了更好的保护，目前林相整齐，景观独特，风景价值极高，成为白石山景区一道靓丽的风景线。

唐县麻栎

树种：麻栎
科属：壳斗科 栎属
学名：*Quercus acutissima*
树高：18m
胸径：96cm
树龄：1000余年
位置：唐县川里镇沙岭安村南沙东线东侧

据传日本侵华时，此树几乎枯死，八年抗战胜利后，树又开始生长起来，喜鹊将此树的枝条衔到其他树上，树枝就在其他树上活了，当地百姓认为此树有灵性，无人敢伤害它，所以此树至今长得很好，树姿雄伟，充满生机。

唐县黄连木

树种：黄连木
科属：漆树科 黄连木属
学名：*Pistacia chinensis*
树高：14m
胸径：100cm
树龄：1500 余年
位置：唐县黄石口乡周家堡村

　　该树为黄连木雄株，树形高大，树姿优美，枝繁叶茂，根系发达，其露出地面的粗大根系盘绕在山石中，更让人觉得它坚韧不拔，具有坚强的生命力。远望像巨龙腾飞，近观犹如一条巨蟒蛇，所以民间流传着一个说法，此树为蛇仙化身，护佑着当地百姓，平安健康，风调雨顺。

直隶总督署侧柏群

树种：侧柏
科属：柏科 侧柏属
学名：*Platycladus orientalis*
树高：15~20m
胸径：50~120cm
树龄：300 余年
位置：莲池区直隶总督署

直隶总督署，是中国一所保存完整的清代省级衙署。原建筑始建于元代，明初为保定府衙，明永乐年间改作大宁都司署，清初又改作参将署。清雍正八年（1730年）经过大规模的扩建后，正式建立总督署，历经雍正、乾隆、嘉庆、道光、咸丰、同治、光绪、宣统八帝，可谓是清王朝历史的缩影，曾驻此署的直隶总督共59人66任，如曾国藩、李鸿章、袁世凯、方观承等，直到1909年清朝末代皇帝逊位才废止。故有"一座总督衙署，半部清史写照"之称。

直隶总督署院内大堂前的甬道左右，有许多高大的古树，如侧柏、桧柏和国槐，它们栽种于明朝嘉靖年间，距今已有400多年的历史。这些桧柏、国槐不仅是直隶总督署的历史见证，更是保定的历史见证。每年11月份到次年4月份，这些古树会被数百只猫头鹰所盘踞，构成一幅衙署奇观——"古柏群鹰"图，这幅景观给森严肃穆的古衙增加了一种神秘的色彩。关于"古柏群鹰"的由来，有一段传说，与清代直隶总督方观承有关。

古莲花池黛柏

树种：侧柏
科属：柏科 侧柏属
学名：*Platycladus orientalis*
树高：16m
胸径：80cm
树龄：300余年
位置：莲池区古莲花池

在古莲花池的北岸高芬阁西，紧邻奎画楼旁，有一棵苍劲古朴的侧柏，被称为黛柏，距今已有300多年的历史。为什么称之为黛柏，是因为该树年代久远，树冠呈现青黑色。关于这棵树，在清代遗留的莲池十二景图中，高芬阁景点中有记载：阁西翼以连楼，严奉圣祖仁皇帝御书石刻十七，紫珉绿字，灿若卿宵，榜曰"奎画楼"。楼下文柏盈阶，曰"黛柏轩"。关于这棵黛柏，直隶总督方观承和莲池书院院长张叙都有诗文记载如下：

方观承诗："万卷不可读，层楼犹远望。梁栋扶古香，黛柏等无恙。宸咏垂星文，历历云霞上。"

张叙诗："疏棂开向老松颠，一带藤阴复道连。无事偶来帘阁坐，藕花香里日如年。"

紫荆关杨树

树种：小叶杨
科属：杨柳科 杨属
学名：*Populus simonii*
树高：30m
胸径：230cm
树龄：300 余年
位置：易县紫荆关镇白家庄村

　　古杨树，矗立在村南面空旷地上，这株古杨树围约8m，要五个人手拉手才能合围，其干高约30m，树冠平铺面积可达500m^2。它的树冠巨大，虬枝直指苍穹，枝叶间巧妙连接成一个拱门的形状，层层树影间带着一点点沧桑，透着一点点神秘。据村里人介绍，这抬头仰望，让人倍感渺小，仿佛片片绿叶都记载着那神奇的传说，条条树痕都诉说着那不平凡的经历。被村民供奉成了当地的"神树"。关于这棵古杨，他还有一个古老的传说。相传宋朝年间，辽兵屡犯中原。当时良将杨六郎镇守边关，紫荆关就是杨六郎镇守的三关之一。行至白家庄时天色已晚，杨六郎元帅下令扎营。于是军队扎营白家庄。在杨六郎巡营时，在营盘的一侧栽下一株杨树苗，并告诉将士们说："今天种下这株杨树，意思是要把杨家这面保家卫国的大旗竖起来，使辽兵不敢进犯中原。"此后，这株杨树在人们的管护下茁壮成长，就像杨家精忠报国的精神历经千年风雨而不衰。

清西陵油松群

树种：油松
科属：松科 松属
学名：*Pinus tabulaeformis*
树高：6~12m
胸径：50~90cm
树龄：300 余年
位置：易县清西陵内

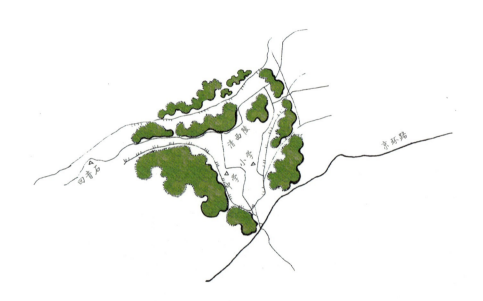

　　清西陵是一片丘陵地，区域内西北高、东南低，境内岗峦起伏，林木丛茂，河道纵横，为北易水河的发源地，最高海拔 1121m。周围群峦叠嶂，东有 2300 多年前的燕下都故城址，西望紫荆关，北枕永宁山，现抵易水河。

　　清西陵有规模宏大、体系完整的古建筑群，方圆 200 华里，有华北地区最大的人工古松林。从建陵开始，清朝就在永宁山下、易水河畔、陵寝内外栽植了数以万计的松树，现有古松约 1.5 万株，树龄约 300 年。

沧州市

姚天宫村酸枣

树种：酸枣
科属：鼠李科 枣属
学名：*Ziziphus jujuba* 'spinosa'
树高：6m
胸径：86cm
树龄：1000 余年
位置：河间市沙洼乡姚天宫村

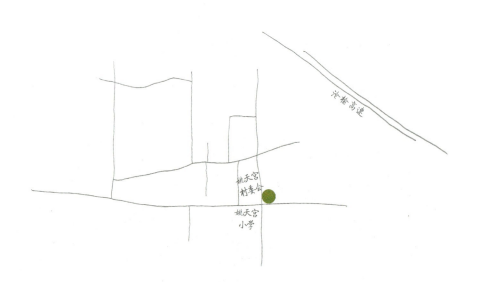

树龄千年以上，长势健壮，至今产果量高，该树生长在村头，老百姓们认为此树有灵性，无人敢伤害它，被当地人奉为神树，还特地建造庙台，供奉朝拜。

盐山白桑

树种：桑树
科属：桑科 桑属
学名：*Moros alba*
树高：11.5m
胸径：89cm
树龄：500 余年
位置：盐山县圣佛镇官张村

  该树虽历经 500 余年，但至今仍是枝繁叶茂，郁郁葱葱，每到盛夏，绿树成荫，绿荫如盖。至今每年仍能盛产桑葚 3000 余斤。

  以此古桑树为主的古桑园系官张村先祖立村时所种。桑园桑树众多，曾经人均 5 棵桑树。历经 500 余年，现存桑树仅存 200 余棵。该古桑树几易其主，最终落户薛春生家。现如今，此古桑树被当地誉为"树神"，每年春节、"二月二"等重要节日，村民自发到树下祭祀，祈求风调雨顺，五谷丰登。村民每逢遇到难事挫折，往往也到树下跟"树神"倾诉，祈求"树神"的救赎。

  2014 年 6 月，中央电视台《走遍中国》栏目组来到官张村的"树神"古桑树下采访，了解古桑树的历史，并以此为拍摄地做了报道。2015 年 5 月 12 日，《盐山快报》头条以《盐山圣佛百年古桑小满"葚"好！殷红落地诗成行！》为题报道了这株古桑树。现在，每年小满时节，前来祭拜、参观、游玩的游客络绎不绝。

盐山椿树

树种：香椿
科属：楝科 香椿属
学名：*Toona sinensis*
树高：14m
胸径：75cm
树龄：300余年
位置：盐山县韩集镇卢少刚村

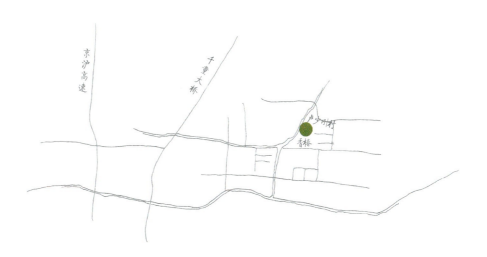

  卢少刚村自古有种植香椿树的传统，据老人们回忆，村西、村北及村里庭院到处种满香椿树。香椿树生长缓慢，树叶可食用，树干是上好的家具用料，自身带有特殊香味。它的叶子可以食用，是很好的菜品，人们都称香椿叶子为长寿菜，非常受人们喜爱和推崇。相传，清朝乾隆皇帝南巡路经庆云时，村民还用这棵树上的香椿进贡给乾隆皇帝享用过，成为一段美谈。至今，人们每年还在它的枝上摘上百斤香椿芽食用，叫人赞不绝口啊。

黄骅冬枣树群

树种：冬枣
科属：鼠李科 枣属
学名：*Ziziphus jujuba* 'Dongzao'
树高：平均 6m
胸径：平均 210cm
树龄：700 余年
位置：黄骅市齐家务乡东聚馆村

　　黄骅原始冬枣林现存古冬枣树 1067 株，其中 198 株树龄在 600 年以上，虽然饱经风霜，仍枝繁叶茂，硕果累累，被专家誉为冬枣树的"活化石"。相传，秦始皇及汉武帝在位时为乞求长生不老，寻仙不辍，听说仙人只吃冬枣不吃饭，便曾多次派徐福和李少君为其找寻"肉厚皮薄质脆味甘"的冬枣。汉武帝刘彻在太初三年（公元前 102 年）来章武（今黄骅市）巡游时尝到黄骅冬枣，当即敕封为"仙枣"。当年得明弘治皇帝及张皇后青睐，称其为"枣中极品"、"百果之王"，当即被钦定为"贡品"，年年来朝，此制一直沿袭至清，冬枣也由此成为"贡枣"。

京津冀古树寻踪　河北　沧州市

枣强桧柏

衡水市

树种：桧柏
科属：柏科 圆柏属
学名：*Sabina chinensis*
树高：20m
胸径：96cm
树龄：600余年
位置：枣强县张秀屯乡侯冢村

　　河北省枣强县张秀屯乡侯冢村东南有一棵古柏树，名为"侯家松"，民间称其为"松"，实为一棵桧柏。巍然矗立600余年，两人合抱而不拢，树干近10m高，顺溜得没有一条侧枝，且没有一点弯曲，甚至连树皮的纹路都是直上直下的，粗细匀称，筋骨遒劲。而上部的枝干则全部扭曲，如虬龙出水，游蛇起舞。其冠均匀地分散，呈伞状，从东南看则很像一尊龙头，虽有些枯树枝，却气度不凡。当地流传着"南京到北京，没见过侯家那棵松"的赞言，意思是南京到北京的松树都没侯家这棵大，在当地一直颇有神话色彩，有"神树"之称。

京津冀古树寻踪　河北　衡水市

深州市国槐

树种：国槐
科属：豆科 槐属
学名：*Sophora japonica*
树高：17m
胸径：143cm
树龄：800 余年
位置：深州市穆村乡庄火头村古槐路南侧广场

据县志记载，唐朝初年，在庄火头村边修建了一座宏伟壮观的庙宇，不幸的是在1937年毁于战火，建庙时，门前就有一棵小槐树。

悠悠岁月，古槐与神庙相依相伴近千年。庙宇拆后，村民们把古槐称之为大庙槐树，奉为神祇，烧香礼拜，作为对庙宇的怀念和心灵上的寄托。在那峥嵘岁月里，游击队员把那大钟挂在大树上来敲钟警示鬼子来了。儿童团和游击队利用古槐传递信息和接头地点，当时古槐为抗日做出了巨大的贡献。现在的古槐是人们和平兴旺的象征，人们拜树为神是为了风调雨顺、岁岁平安。古槐那生生不息的精神，正潜移默化地影响着人们。

大槐树在20世纪70年代由于干枯几年没发芽，自1983年后，在村委会的带领下给老树培土浇水，奇迹又出现了，千年古槐又萌出了新芽。偌大的树洞里又长出了新的树，从底部长到了树顶，同老树皮连在了一起。现在新老树干连为一体，相依为命，其情感人，成为了一大景观。

内丘九龙柏

树种：侧柏
科属：柏科 侧柏属
学名：*Platycladus orientalis*
树高：10m
胸径：108cm
树龄：1500 余年
位置：内丘县南赛乡神头村扁鹊庙景区回生桥南侧

  扁鹊庙前，九龙河南岸，矗立着九棵两千多年的古柏，被称为九龙桥石柏，简称九龙柏。九龙柏棵棵盘扎在石隙间，称为一大奇观。相传当时，扁鹊在咸阳身遭不幸后，人们不远千里只将扁鹊的头颅抱回，楠木镶身，葬在了九龙河北岸，然后在旁边修祠守孝。因为十大弟子守孝志诚心坚，日久天长，便化作十棵柏树，在祠前守望。

  九龙桥石柏，棵棵高大粗壮，其中有一株树形奇特，树冠参天遮日，树根粗壮，蜿蜒盘扎于岩石之中，像一条正要飞腾的巨龙，并且深受当地老百姓的喜爱，正应了诗中所赋："柏生山石石是柏，根入石山山作根，山石柏根同一体，石山不老柏长存"。九龙桥石柏前还有一石刻，上刻'药石'二字，为明万历十一年（1583 年）龙峰所题，这就更为九龙桥石柏增添了神奇。"神奇美好的传说，被深深镌刻在树的年轮中，也记录了扁鹊师徒悬壶济世、造福一方百姓的丰功伟绩。

  九龙柏是扁鹊文化的重要组成部分，是大自然和祖先给我们留下的不可多得的珍贵遗产，是活的文物，不可复制和再生，见证了内丘人民为发扬和传承扁鹊文化所做的一切。

临西杜梨树

树种：杜梨
科属：蔷薇科 梨属
学名：*Pyrus betulaefolia*
树高：10m
胸径：110cm
树龄：400余年
位置：临西县大刘庄乡陈新庄村南

杜梨树一般生长在田埂边和荒山野岭上，没有人种植，大多野生。杜梨树木质坚硬、洁白、纹理细密，是做家具上好木料。但这棵杜梨树被当地百姓奉为护佑村庄的神树，保护至今。目前生长非常旺盛，结果正常，浓荫如盖，被称为"邢台杜梨王"。

前南峪板栗王

树种：板栗
科属：壳斗科 栗属
学名：*Castanea mollissima*
树高：12.8m
胸径：385cm
树龄：900 余年
位置：邢台县浆水镇前南峪村

此树位于河北省邢台县前南峪东沟半山处。生长旺盛，年产板栗 100 多公斤。传说这株板栗因其果实个大味甘，且树体高大，被唐女皇武则天御封为"板栗王"。如今，前南峪以发展板栗为主进行小流域综合治理而走向富裕。

任县隋槐

树种：国槐
科属：豆科 槐属
学名：*Sophora japonica*
树高：14m
胸径：191cm
树龄：1400 余年
位置：任县西固城乡前台南村小学校院后

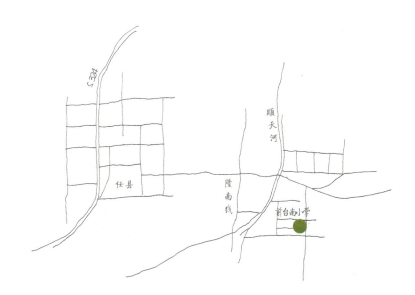

　　早些年隋槐的南北两侧各有一合抱侧枝从 2m 高处倒挂下来，入土又生新枝，跨度约达 4m，架枝如桥，卧枝蜿蜒，犹如龙蛇起舞。历经沧桑，如今两侧枝已枯死。但树身枯死部分形成一洞，可容纳 5 人。洞内又生一株子槐，胸径已达 50cm，形成独特的母子槐奇观，每逢盛夏，隋槐枝叶茂密，树荫凉爽。据村民讲，古槐每年发芽比同类树木早半个月，秋后落叶则晚 20 余天。一般的槐树一年只开一次花，结一次果，这株隋槐却是开两次花、结两次果。因此，人们认为它多子，很多人都会前来拜祭求子，当地群众称其为"槐仙"。

邯郸市

涉县天下第一槐

树种：国槐
科属：槐科 槐属
学名：*Sophora japonica*
树高：29m
胸径：540cm
树龄：2500 余年
位置：固新镇固新村

天下第一槐位于河北省涉县固新村，相传"植于秦汉，盛于唐宋"。据中科院古植物保护专家鉴定，树龄至少在 2000 年以上，故有"固新老槐树，九搂一屁股"之说，其也是目前我国已知的树龄最长的槐树。民间流传有"明末灾荒，古槐开仓，以槐豆树叶拯救饥民。昼采夜长，茂然不败"的说法，当时古槐"枝繁叶茂，延伸四方，覆盖数亩"。虽经 2000 年风雨，现在古槐仍然年年发芽吐绿、开花结果，令人称奇。

关于大槐树的传说，有很多种，如"槐豆赈民""平身护宅""西太后三问老槐树""槐翁传艺解忧难""古槐献良谋刘邦定天下""古槐陪嫁"等。在历史上，人们为了祈福驱灾，往往给图腾之物以很多的神秘传说，这些都无可厚非，但那些美好的传说往往都代表了我们当地人民对生活的美好向往，就显得这些传说有了不同寻常的意义。

京津冀古树寻踪　河北　邯郸市

涉县槲栎

树种：槲栎
科属：壳斗科 栎属
学名：*Quercus aliena*
树高：13.5m
胸径：97cm
树龄：300 余年
位置：涉县辽城乡西涧村

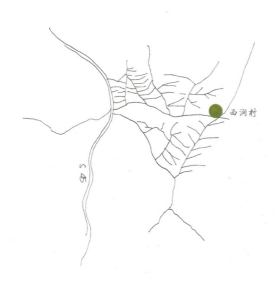

　　涉县辽城乡西涧村，距离县城 28km，是一个位于大山深处即将消失的小山村，全村现有人口不足 10 人，且都是老人。在刻有"西涧村"石碑的村口，可见西面平台上有一葱茏大树，树干灰黑，裂纹较深，村民称之为"老菜树"，因其材质较硬，多用于制作棺木。

涉县合漳毛黄栌

树种：黄栌
科属：漆树科 黄栌属
学名：Cotinus coggygria
树高：7.8m
胸径：197cm
树龄：800余年
位置：涉县合漳乡后岭村

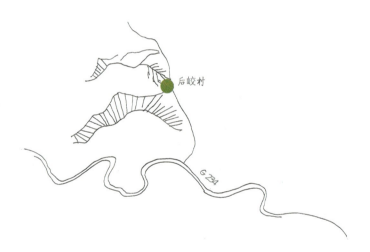

在晋冀豫三省交界处的河北省涉县合漳乡后岭村，有一棵千年的黄栌古树。该树长在村西3km、海拔1300多米的西山岭上。其主干约2m多粗，树有三个分枝，像三条巨龙直冲蓝天，枝繁叶茂，树冠覆盖近70m²，形体极其独特。属灌木科，又生长在山岭上，经过千年的风霜、雨雪、雷电、野火自然洗礼和战争等人为破坏，树体长势依然苍劲，实为奇迹。

每到秋季来临之时，茂密的红叶非常壮观，在十几里外都可以看到。这棵黄栌古树有很多美丽的传说。传说中的"八仙"之一——铁拐李的黄栌拐杖，就取自此树。

抗日战争时期，八路军129师西山医院就驻在此树附近。村里建有爱国主义教育纪念馆展览室。村南4km就是著名的红旗渠。经常有名人、游客跋山涉水慕名前来接受爱国主义教育、观赏古树。据有关部门考证，黄栌树如此古老、高大，中国第一，世界少有。

涉县榉树

树种：榉树
科属：榆科 榉属
学名：*Zelkova schneideriana*
树高：14m
胸径：62cm
树龄：800余年
位置：涉县关防乡中沟曹家村

榉树属国家二级重点保护植物，其木材堪比红木，是珍贵的硬叶阔叶树种。榉树有着较高的观赏价值和丰富的人文内涵，自古以来就为世界各国人民所喜爱。在我国，因"榉"与"举"谐音，古时候上至士绅门第，下至平民百姓均自发地挖取野生榉苗种植于房前屋后，取意"中举"之意。

曹家村内现存榉树，因其果实球形，树皮奇特，百姓称之为"榔榆树"，据专家考证，已有800年的历史，是该村的"活历史、活文化"。村里老人常说："先有榔榆树，后有曹家村"，可以说这棵榔榆树见证了曹家村的成长，村民对此树有着非常深厚的感情。

涉县雪寺榉树群

树种：榉树
科属：榆科 榉属
学名：*Zelkova schneideriana*
树高：平均 14m
胸径：平均 62cm
树龄：200 ~ 1000 年
位置：涉县神头乡雪寺村

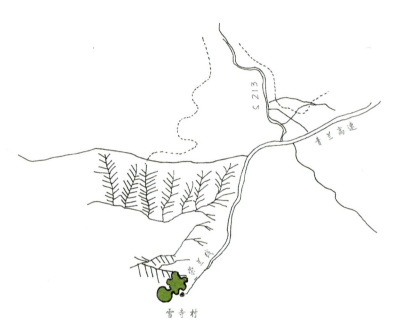

　　雪寺，是一个充满故事的美丽村庄，有很悠久的村史，这里除了有绿树掩映的村庄，更有扑朔迷离的吴王洞，还有白求恩避难山洞救伤员的故事。据说在抗日战争时期，八路军战士曾在这里打过游击，连白求恩医生都曾驻留过这里为老百姓看病。这样的传说无疑为小小的山村增加了神秘感。

　　村中央有一榉树群，共有9棵榉树。最大的树龄1000年以上，最小的200年。村民信奉"古树有灵"，逢年过节在树上绑红布祈福，不得随意砍伐古树。古树群生长茂盛，村民常说这些古树是一棵树，故而有"同根九兄弟"的说法。

涉县流苏树

树种：流苏
科属：木犀科 流苏树属
学名：*Chionanthus retusus*
树高：13m
胸径：115cm
树龄：500余年
位置：偏城镇小岭村

偏城镇小岭村位于河北省邯郸市涉县北部，距县城25.5km，西北部与山西省左权县为邻，紧邻青塔水库，环境优美，村中有一棵500年的古树，老百姓称之为"牛筋树"，建村时栽植，小满前后满树白花，蔚为壮观。小岭流苏"花"名在外，每逢开花时节，赏花人纷至沓来。该树高大优美，枝叶茂盛，满树白花，如覆霜盖雪，清丽宜人。流苏花和嫩叶能泡茶，又称为"茶叶树"，村民常采叶制茶，老人长寿常言是喝茶的功劳。

涉县白皮松

树种：白皮松
科属：松科 松属
学名：*Pinus bungeana*
树高：17.5m
胸径：54cm
树龄：200余年
位置：涉县西达镇牛家村

　　河北省涉县西达镇牛家村，是一个山清水秀的地方，有一山泉水来自半山腰，醇香甘甜。明清时期的农家院落，前后的风水格楼，聚集了大自然的灵气。来到村委会，天气好的时候，隐隐可见对面银光闪闪，村民介绍说，那里有牛家的祖坟，坟上有长明灯芯，便是那棵白皮松。

　　该树树姿优美，树形高大挺拔，树皮奇特，整体银色，上有不规则淡红色斑块。当有阳光照射时，整个树体银光闪闪，观赏价值极高。

磁县皂荚

树种：皂荚
科属：豆科 皂荚属
学名：*Gleditsia sinensis*
树高：25m
胸径：81cm
树龄：200余年
位置：磁县磁州镇台庄社区

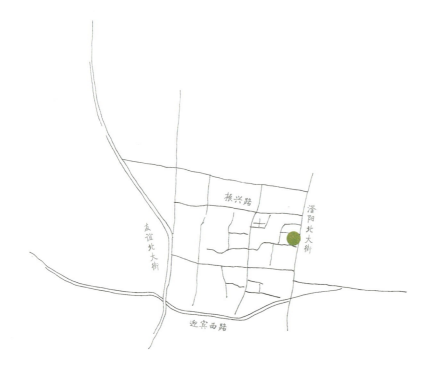

　　古皂荚树位于河北省磁县磁州镇台庄社区利民胡同一宅院中，树主干粗壮，2m往上呈手掌形，分12支长成，冠大叶茂，在皂荚成熟期风吹皂荚叭叭作响，在下雨之前随雨量大小树干有湿度变化。

　　春观新芽嫩而柔，挤挤拥拥随风长。夏瞧枝叶繁并茂，蓊蓊郁郁变花样。秋望果实翠又多，推推搡搡鼓肚藏。冬眺枯叶化沃土，绛色皂荚仰天唱。

武安栗树群

树种：板栗
科属：壳斗科 栗属
学名：*Castanea mollissima*
树高：平均 9.5m
胸径：平均 113cm
树龄：平均 300 余年，最大 1500 余年
位置：活水乡前仙灵村村南

　　武安树龄最长的古树——前仙灵村的千年板栗王。在活水乡前仙灵村村南的半山坡上，生长了一棵 1500 多年的板栗树，被村民亲切地称为"板栗王"。经测量胸围达 530cm，是实测最粗的一棵古板栗树。在调查中还发现现存的古栗树 71 棵。

武安崖柏

树种：侧柏
科属：柏科 侧柏属
学名：*Platycladus orientalis*
树高：7.2m
胸径：120cm
树龄：1000余年
生长位置：管陶乡上站村

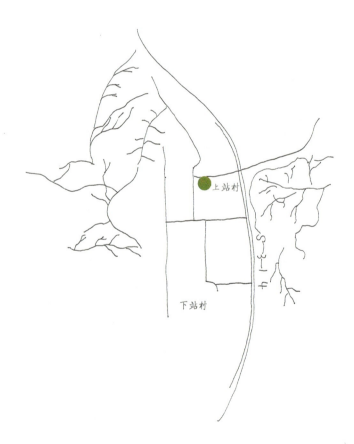

武安树龄最长的柏树——上站村的千年古柏。此古柏长在石崖之上、石壁之边、石缝之中，横着向外伸展而出。树根苍劲，展现着历史的风霜，向上的表皮和部分树干都已磨损，但向下的部分生长良好。

京津冀古树寻踪　河北　邯郸市

武安大果榉

树种：大果榉
科属：榆科 榉属
学名：*Zelkova sinica*
树高：15m、8m
胸径：143cm、127cm
树龄：500 余年
位置：活水乡井峧村文化活动中心院内和文昌阁前

其中一棵原生长在地堰边，后因盖房被砌到院墙中。文昌阁前的大果榉曾因雷击着火，现残存的树干中长出一株小椿树，因大果榉俗称豹榆，故称此树为"榆抱椿"。

京津冀古树寻踪　河北　邯郸市

武安木梨

树种：榅桲
科属：蔷薇科 榅桲属
学名：*Chaenome sinensis*
树高：12.3m
胸径：80cm
树龄：600余年
位置：武安市石洞乡史二庄村北圣水寺

　　传说圣水寺方丈原是明太祖朱元璋的师弟，朱元璋登基后来此隐居修行，后来去看望师兄朱元璋时带回来三件宝物：四面佛、玉如意，还有就是木梨树，四面佛和玉如意，在漫长沧桑的岁月中消失了，天佑宝刹，取而代之的是灵芝山上的灵芝、一眼圣泉和现在虽饱经沧桑但仍然生机盎然的木梨树。又有传说寺内井水曾救过行军打仗路经此地的朱元璋，被封为圣水。故人称此井为圣水井，可谓"圣代即今多雨露，仙乡留此好源泉"。又有传说明末清初因战乱很多百姓逃难至此，饥病交加，寺中僧人以木梨熬水救济众人，竟逐渐痊愈。

丛台公园国槐

树种：国槐
科属：豆科 槐属
学名：*Sophora japonica*
树高：8.75m
胸径：80cm
树龄：400 余年
位置：丛台公园内

  邯郸丛台，古城邯郸的象征，它建在 20 多米高的平台上，承袭了我国古建筑设计的精华，英姿雄伟，闻名遐迩。建于战国赵武灵王时期（公元前 325—公元前 299 年），始见于《汉书·高后纪》，高后元年（公元前 187 年），"夏五月丙申，赵王宫丛台灾"提到过丛台。唐颜师古注曰："连聚非一"，即当时由许多建筑连接垒列而成，故名"丛台"。邯郸丛台顶部平台上长有一宝，那就是明代嘉靖年间栽种的国槐，至今枝叶茂密，茁壮挺拔，已近 500 年的历史，已被有关部门核定为国家一级古树。它的神奇之处在于不是生长在大地上，而是生长在丛台顶上。饱经几百年的风风雨雨，见证了时代的变迁，成为丛台公园的景中之景。

武安黄连木

树种：黄连木
科属：漆树科 黄连木属
学名：*Pistacia chinensis*
树高：7.5m
胸径：140cm
树龄：500余年
位置：马家庄乡南窑村村北地

  主干虽已风折，但最大的侧枝仍生机盎然，现已长成新的主干。历经数百年风雨，古朴沧桑，依然开花结实，福泽后人。这棵古黄连木作为武安古树代表之一，参加了全省最美树王的评选活动。

临漳曹魏桧柏

树种：桧柏
科属：柏科 圆柏属
学名：*Sabina chinensis*
树高：21m
胸径：184cm
树龄：1800余年
位置：临漳县习文乡靳彭城村

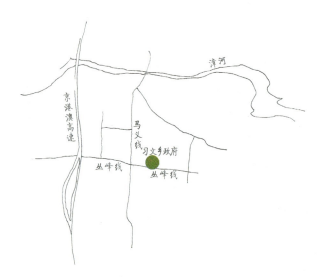

曹魏古柏位于河北省临漳县习文乡靳彭城村东，其周围有魏元帝陵、玄武池、籍田、招贤馆旧址和魏文帝甄后朝阳陵。此古柏已有1800多年的历史，至今依然青绿茂密。

东汉建安九年（204年），曹操将邺城建为王都，兴修了南校场和玄武池，当时柏树恰在附近。曹操每次举行籍田、阅兵、训练水师仪式时便以柏树为系马桩，故柏树称为曹操拴马柏。

经园林专家鉴定为汉柏，属桧柏，至今约1800余年，中原独一无二。

古柏虬枝盘曲，形态神奇，有民谚形容说："东有男女情悠悠，西有蜗牛树上走，南有喜鹊枝头笑，北有观音合双手，下有凸拳暴如雷，上有双龙绕树飞。"千年古柏，一枝一叶都给人以美好的向往和无限的遐想。

丛台区国槐

树种：国槐
科属：豆科 槐属
学名：*Sophora japonica*
树高：9m
胸径：180cm
树龄：200 余年
位置：丛台区中华大街与北仓路交叉口西行 500m 路北

在那漫长的历史洗礼中，这棵老槐树几经沧桑孕育出了强大的生命力，它既不像杨柳树婀娜多姿，也不像松柏那样郁郁葱葱，但它敢与武灵丛台上的古槐相媲美，它就像一把巨伞遮住了烈日和风雨，保护着树下的芸芸众生，它就是灵芝寺弘扬佛法的见证者。相传，有一位小伙子到老槐树下歇凉，被树上的马蜂蜇了一下，这个年轻人回家拿油倒在树洞里点起火，这把火接连烧了三天三夜，他以为马蜂和树都会被烧死，但这棵老槐树，不但没有烧死，反而长得更加旺盛。多年来这棵古槐为什么能在烈火中依然青葱，谁都不能解开这个谜，所以人们都称它为"神槐"。

成安合欢树

树种：合欢
科属：豆科 合欢属
学名：*Albizia julibrissin*
树高：15m
胸径：80cm
树龄：300 余年
位置：成安县匡教寺内

　　匡教寺位于河北省成安县城南 500m 处，始建于南北朝北齐天宝六年（555 年），距今已有 1400 余年，隋开皇初年佛教禅宗二祖慧可大师在此讲经说法达三十四余年，寺内为之筑台名"说法台"。当地称之为龙凤呈祥之榕花，约有 360 多年的历史，树身凤形引来众鸟来此聚集，一枝向西龙势延伸，龙须龙角样，翘然众鸟于树中和鸣念佛，为龙凤呈祥之榕花又增添几许优美，神秘的韵味古书传云，凡见到者鸿运亨通，平安吉祥。

大名皂荚

树种：皂荚
科属：豆科 皂荚属
学名：*Gleditsia sinensis*
树高：21.3m
胸径：84cm
树龄：200 余年
位置：大名县东街豫剧团院内

　　位于大名县大名镇东街豫剧团院内，有200年历史，该树树冠呈伞状，树干挺拔，树叶茂盛，夏秋皂荚满枝，栽植于清代光绪年间徐家堂院内，几经历史沧桑，多家单位在院内办公。

　　由于此树生长在人流量相对较少、环境比较安静的单位院内，加上群众保护意识增强，目前该树生长旺盛。

京津冀古树寻踪　河北　邯郸市

乾隆双槐

定州市

树种：国槐
树名：乾隆双槐 龙槐
科属：豆科 槐属
学名：*Sophora japonica*
树高：12m
胸径：91.4cm
树龄：900 余年

树名：乾隆双槐 凤槐
科属：豆科 槐属
学名：*Sophora japonica*
树高：13m
胸径：106cm
树龄：900 余年
位置：新立街贡院

进入贡院景区，首先映入眼帘的是高 6m、长 20m 气势雄伟的影壁，为当年揭榜之处。穿过三开间大门，两棵枝干遒劲的古槐郁郁葱葱、笑迎宾客。相传当年乾隆皇帝六下江南，五过定州，亲临贡院慰问考生并亲手栽植双槐以示纪念，俗称"乾隆双槐"。诗云："乾隆御手亲植栽，福泽荫及后人来。阅尽古城沧桑事，天权擎笔看双槐。"

东坡双槐

树种：国槐
树名：东坡双槐 龙槐
科属：豆科 槐属
学名：*Sophora japonica*
树高：15m
胸径：111.5cm
树龄：900 余年
树名：东坡双槐 凤槐
科属：豆科 槐属
学名：*Sophora japonica*
树高：18m
胸径：213.4cm
树龄：900 余年
位置：刀枪街文庙院内

相传，其为北宋大文学家苏东坡任定州知州时亲手所植，故称"东坡双槐"。《定州志》记载："东者葱郁如舞凤，西者槎丫竦拔如神龙"，因此又叫"龙凤双槐"。当地的老人们也都说，这就是苏东坡任定州知州时亲手栽种的，还风趣地称它们为"爱情树"，是苏东坡和王闰之夫妻和美的象征。

王闰之，是苏东坡的第二任妻子，贤惠稳健，勤俭持家，关心丈夫，疼爱孩子。苏东坡称赞她："妇职既修，母仪甚敦。三子如一，爱出于天。"可见，夫妻俩的感情十分融洽。宋哲宗元祐八年（1093年）八月初一，妻子病逝。紧接着，苏东坡的仕途也从顶峰开始走向衰落。9月27日，他以端明殿学士兼翰林侍读学士身份出知定州。当他跨进文庙，看到这块风水宝地极具灵气，便信手栽下这两颗小槐树，以物喻志，以槐树寄托对亡妻的无限哀思。谁知，这两棵小槐树，竟如得了神助，突飞猛长，而且越长树形越奇特，东边的那棵树冠庞大，如飞舞的凤凰；西边的那一棵姿态挺拔，像矫健的神龙。如今，两棵树都已近千岁树龄，长势仍然十分喜人，特别是到了夏天，树叶茂密，更显得英姿勃发。

刀枪街侧柏

树种：侧柏
科属：柏科 侧柏属
学名：*Platycladus orientalis*
树高：12m
胸径：111.5cm
树龄：300 余年
位置：刀枪街冀中职业学院内

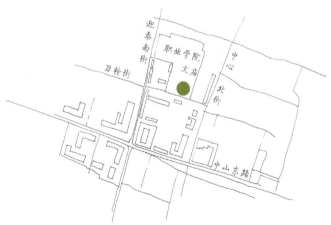

北宋时期，定州地处宋辽交界地带，为国之门户，地理位置至关重要，统治者均派得力武将镇守。韩琦于庆历八年（1048年）至皇祐五年（1053年）知定州期间，见文庙"屋宇垣墉颓坏殆尽"，于皇祐元年（1049年）"新庙宫，凡再逾月而庙完"，又"即庙建学，市垣北之地，通而广之，以规以度，不陋不侈，讲授有堂，肄习有斋，庖厨井溷，日用之具，无不备足，较其功费复倍庙焉，又再逾月而学成"。

明伦堂内，飞檐挑梁，曲径通幽，古木参天，芳草萋萋。古柏苍劲挺拔，与文庙古槐比肩为邻。老树根系泥土，头撑蓝天，卓然傲立，仍然是一夏的浓绿，一树的蓬勃。如今，它就像个饱阅沧桑的智者，穿越千年，气度从容，追忆似水流年。

刀枪街紫藤

树种：紫藤
科属：豆科 紫藤属
学名：*Wisteria sinensis*
树高：2.5m
胸径：60.5cm
树龄：200 余年
位置：刀枪街市幼儿园

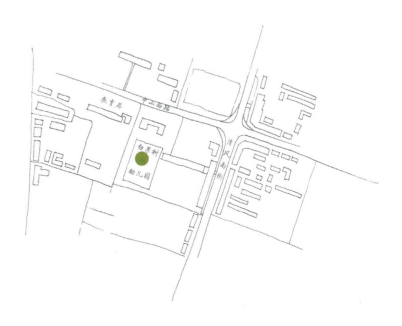

在定州市刀枪街市幼儿园内，生长着一株 200 余年的紫藤，此树藤蔓巨大，独树成景，暮春时节，紫藤吐艳之时，但见一串串硕大的花穗垂挂枝头，紫中带蓝，灿若云霞。灰褐色的枝蔓如龙蛇般蜿蜒。

李白曾有诗云："紫藤挂云木，花蔓宜阳春。密叶隐歌鸟，香风留美人。"生动地刻画出了紫藤优美的姿态和迷人的风采。

定州张家槐

树种：国槐
科属：豆科 槐属
学名：*Sophora japonica*
树高：15m
胸径：98.7cm
树龄：1800 余年
位置：迎泰南街

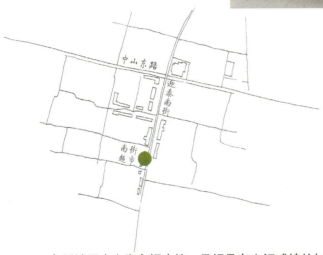

定州城里南大街有棵古槐，是棵具有人间感情的树。

东汉末年，朝廷黑暗，腐败透顶，百姓们没吃没喝，又瘟疫流行，实在活不下去了。有个医生张角来到这里，走街串户为百姓治病。他医术挺高明，治一个好一个，人们把张当神医看待。有一年，张角暗暗把信奉太平道的人发动起来，并举行了武装起义，南大街张家大院的人听说此消息后在门口栽下了这棵槐树，取名叫张家槐（怀），以示对张角的怀念。说来也怪，这树懂人心，活得好，长得快，枝绿叶茂，没有几年，就护住了张家大门。

如今，张家槐还活着，年年滋生新枝，焕发着生机，只是弯腰驼背，像是永远不愿意离开人间似的。

悠悠岁月任风寒，满载沧桑耸铁肩，漫漫风霜雕百孔，匆匆时光塑千瘢。寒来暑往身渐老，身影尤珍枯荣间，古人不见今槐树，槐树曾伴古人安。

雪浪斋椿树

树种：臭椿
科属：苦木科 臭椿属
学名：*Ailanthus altissima*
树高：25m
胸径：91.4cm
树龄：200 余年
位置：武警医院雪浪斋南侧

　　宋哲宗年间（1093 年），苏轼被贬到定州任知州时，于中山花园（在今定州市），得到此石。定州志记载，苏轼在中山后圃偶得一石，此石黑质白脉，白脉似游动的水纹，犹如当时著名蜀地画家孙知微所绘《山涧奔涌图》的水形貌，苏轼便称为"雪浪石"。苏轼一生酷爱奇石。此石深得东坡居士的喜爱。后从曲阳运来汉白玉石，琢成芙蓉盆，将"雪浪石"放入盆中，并将其室命名为"雪浪斋"。

　　此椿树为后人所植。树形巨大，长势旺盛，成为雪浪斋中一景。

辛集市

前营乡百年梨树

树种：梨树
科属：蔷薇科 梨属
学名：Pyrus bretschneideri
树高：5.3m
胸径：180cm
树龄：300余年
位置：前营乡苗家营村

　　清代乾隆年间，有一年秋天，一位河南滑县籍文状元到北京赴任，但是走到束鹿（辛集原称束鹿），已是中午，口渴难耐，就取树上的果子来吃，没想到汁多且异常甜，皮翠绿如碧，但是美中不足的是梨子个头小。抬头远望，成片的鸭梨树郁郁葱葱，空气里弥漫着浓郁的香气。他通过跟当地村民交流，再加上他对梨树仔细的研究，选取了果子比较大的一颗梨树，取其枝嫁接到别的梨树上，培育出又大又甜、形状好看、晶莹剔透的梨，堪称梨中之极品。

　　乾隆帝吃过此梨，连声说"好梨，好梨"。此梨遂被封为御梨，并封这棵梨树为"梨王"。

京津冀古树寻踪　河北　辛集市

天津

天津市面积约 1.1 万 km^2，辖 6 个中心城区、4 个郊区、5 个市辖区和 1 个副省级区。6 个中心城区分别为和平区、河东区、河西区、河北区、南开区和红桥区，4 个郊区包括东丽区、津南区、西青区和北辰区，5 个市辖区为静海区、宁河区、宝坻区、武清区和蓟州区，副省级区为滨海新区。截至 2017 年，天津市共有古树名木 720 株。

河北区银杏

天津市内

树种：银杏
科属：银杏科 银杏属
学名：*Ginkgo biloba*
树高：20m
胸径：71cm
树龄：100 余年
生长位置：河北区民族路与进步道交口

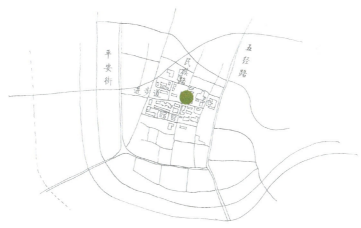

  原建筑是大陆银行河东支行旧址，院内的这株银杏是天津市区列为市级保护的两株银杏之一，树高 20m，胸径 71cm。由于天津地势低洼，土壤盐碱粘重，银杏一直在城区内生长不好，加之城区经常水涝，因此，银杏在市区分布非常少，尤其银杏大树和古树更是稀有。此株银杏生长旺盛，枝叶舒展，靠近建筑，但并没有生长受限表现。由于该地段属于"意式风情区"，过去属于意大利租界，在庭院中栽植中国原产的银杏，在当时应该也是珍贵稀有树种。

五爪金龙槐

树种：国槐
科属：豆科 槐属
学名：*Sophora japonica*
树高：9.7m
胸径：114cm
树龄：600余年
生长位置：北辰区天穆镇闫街村华佗庙

该国槐被誉为"神槐"，又名"五爪金龙槐"。树干中空可入人，树冠覆盖200m²。目前树干已全部中空，且从上到下有一纵裂，长达2m，全株仅有一大枝有生命力，其他部分已干枯无叶。此树处于北运河边，是运河文化的遗存。

京津冀古树寻踪　天津　天津市内

荐福观音寺国槐

树种：国槐
科属：豆科 槐属
学名：*Sophora japonica*
树高：17m
地径：80cm
树龄：600余年
生长位置：河东区大直沽荐福观音寺院内

　　荐福观音寺是位于大直沽中台的药王庙遗址上修建的，是由佛教荐福庵异地重建的新道场。寺内圆通宝殿前的一株600余年的古槐树，是寺院的三宝之一，相传此国槐树龄600年，曾有"先有大直沽后有天津城"之说。岁月沧桑流逝，古槐犹在，它是大直沽悠久历史的见证。

蓟州市

盘山香柏

树种：侧柏
科属：柏科 侧柏属
学名：*Platycladus orientalis*
树高：15m
胸径：107cm
树龄：1000 余年
生长位置：盘山风景区天成寺

天成寺古佛舍利塔是辽代建筑，明代重修。重修时曾发现塔内藏有石函、舍利和佛像等物。塔前有一株千年以上的古柏，生于古塔第一层台基上，从栽植位置推断与古塔应同属辽代，现为天津市年代最久的树。古柏参天，生长旺盛，与塔相伴，又称伴塔柏。

盘山银杏

树种：银杏
科属：银杏科 银杏属
学名：*Ginkgo biloba*
树高：33m；35m
胸径：122cm；122cm
树龄：800 余年
生长位置：盘山风景区天成寺

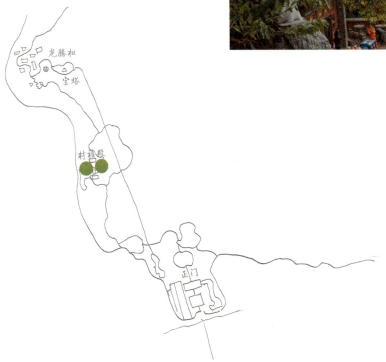

　　天成寺也称"天成法界"，取"天成图画"之意。殿前临坝台处，有两株树龄800余年的银杏，比翼而起，挺拔直立，翠盖蔽天，与古塔呼应，成为天成寺标志性景观。两株银杏均为雌性，但年年果实累累，能收数百斤种子。

京津冀古树寻踪　天津　蓟州市

盘山伴塔松

树种：油松
科属：松科 松属
学名：*Pinus tabulaeformis*
树高：5m
胸径：39cm
树龄：600余年
生长位置：盘山风景区挂月峰上定光佛舍利塔东侧

　　相传每年除夕，有佛光自通州孤山塔方向飘来，绕峰飞旋，至塔息止，因此称之为定光佛舍利塔。塔旁有一株油松，如苍龙破石而出，枝杈前倾作探崖之势，筋骨迸出，遒劲有力，与塔同龄，朝夕相伴，故此松名伴塔松。由于伴塔松生于崖边，地势险要，树、塔相伴，构成优美画面。

京津冀古树寻踪　天津　蓟州市

盘山挂钟松

树种：油松
科属：松科 松属
学名：*Pinus tabulaeformis*
树高：9m
胸径：57cm
树龄：600 余年
生长位置：盘山风景区主峰自来峰

在盘山主峰自来峰的松海中有一巨大油松鹤立鸡群，名曰挂钟松。此松高 10 余米，枝繁叶茂，在枝干分叉处，有一道深凹的沟痕，上年纪的盘山人都知道，这株树上曾悬挂过一口上千斤的铁钟，现在距树不远处已另建钟亭。当年云罩寺的僧人每日撞击巨钟，其声传至数十里外，邻近的北京平谷区、天津的蓟县还有河北的三河市都能听到钟声，所谓"一钟震三县"。如今该树虽不再与盘山顶峰的钟声相伴，但树下依然是游人歇脚观景的主要场地。

盘山凤翘松

树种：油松
科属：松科 松属
学名：*Pinus tablaeformis*
树高：7m
胸径：39cm
树龄：500 余年
生长位置：盘山风景区万松寺望海楼

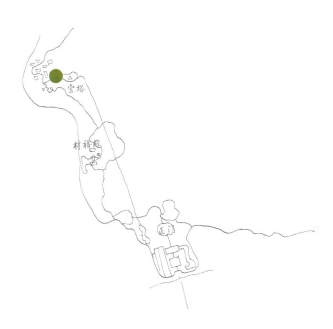

  坐落在万松寺望海楼的凤翘松，在高数十米的崖壁上横向生长，枝干伸出崖壁十余米，其形状如孔雀开屏，又如凤尾修长舒展，因此人称凤翘松。万松寺景区因松多林密而得名，但其中也有隐情。康熙皇帝于公元 1704 年赐名万松寺，后乾隆皇帝曾六次到万松寺，但在乾隆十八年万松寺曾发生大规模虫害，损失惨重。乾隆十九年乾隆皇帝再到盘山，见满山枯朽的松树，一片凄凉，很是惋惜，便写了一首《惜松歌》，小序说："万松寺以松得名，去岁蠹食松叶，顿非昔观，诗以惜之。"诗中云："两年不到万松寺，晓春乘兴今来偶。盘龙踞虎纵好在，郁翠流腴较昔丑，僧云去岁即生蠹，所以苍株半枯朽。佛泯生灭付不知，山无爱憎谁任咎。咄哉成形坏亦随，荣誉已当毁应受。"诗词中不仅记述了万松寺松林遭虫灾破坏的情景，而且还透过自然灾害，看到人的因素，人的责任。凤翘松躲过虫灾，至今生长健壮，成为悬崖一景，实属不易，这也是盘山松胜的真实写照。

官庄镇蟠龙松

树种：油松
科属：松科 松属
学名：*Pinus tablaeformis*
树高：2m
胸径：230cm
树龄：300余年
生长位置：官庄镇东后子峪村朝阳庵内

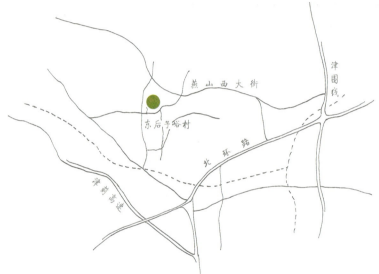

蟠龙松位于蓟州盘山脚下的官庄镇东后子峪村古朝阳庵内，传说是清康熙年间的僧人通道所建。原有前殿3间，后殿3间及配房数间，其柱为石材，别具一格。因对着太阳升起的地方开山结庐奉观世音于此，故名"朝阳庵"。至今已有约700余年的历史。

院内有一株特殊的油松，主侧枝虬曲盘结，横向平伸生长，状似蛟龙横出，腾飞空际，庇荫半亩有余，堪称古树奇观，相传乾隆皇帝曾赐名为"蟠龙松"。蟠龙松因冠大权长，为防风雪摧枝，古人用8根青石柱支撑起8个主枝杈，又有"一柏担八柱，柱柱顶着树"的说法。20世纪70年代末有关部门又立36根水泥柱搭成支架，树冠进一步扩大。如今，朝阳庵已不复存在，而庵里的蟠龙松及古柏在周边村民的精心呵护下，呈现出一派郁郁葱葱的景象。

附录：本书古树名木一览表

1. 北京

区县	序号	名称	树种	科属	拉丁名	树高（m）
东城区	1	故宫御花园连理柏	桧柏	柏科 圆柏属	sabina chinensis	9
	2	故宫紫禁十八槐	国槐	豆科 槐属	Sophora japonica	13~23
	3	故宫古华轩楸树	楸树	紫葳科 梓树属	Catalpa bungei	11
	4	故宫蟠龙槐	龙爪槐	豆科 槐属	Sophora japonica 'Pendula'	4.5
	5	故宫菩提树	欧洲大叶椴	椴树科 椴树属	Tilia platyphyllos	11.5
	6	劳动人民文化宫明成祖手植柏	侧柏	柏科 侧柏属	Platycladus orientalis	13.5
	7	国子监触奸柏	桧柏	柏科 圆柏属	sabina chinensis	12
	8	国子监罗汉柏	桧柏	柏科 圆柏属	sabina chinensis	14
	9	国子监柏上桑	侧柏；桑树	柏科 侧柏属；桑科 桑属	Platycladus orientalis；Morus alba	18
	10	鼓楼东大街栾树	栾树	无患子科 栾树属	Koelreuteria paniculata	19
	11	东四二条黄金树	黄金树	紫葳科 梓树属	Catalpa speciosa	20
	12	柏林寺蝴蝶槐	蝴蝶槐	豆科 槐属	Sophora japonica 'Oligophylla'	12
	13	天坛公园九龙柏	桧柏	柏科 圆柏属	sabina chinensis	8.5
	14	天坛公园问天柏	桧柏	柏科 圆柏属	sabina chinensis	11
	15	中山公园辽柏群	侧柏	柏科 侧柏属	Platycladus orientalis	11~16
	16	中山公园槐柏合抱	国槐；侧柏	豆科 槐属；柏科 侧柏属	Sophora japonica；Platycladus orientalis	12
	17	文天祥祠枣树	枣树	鼠李科 枣属	Ziziphus jujuba	5.7
	18	花市酸枣王	酸枣	鼠李科 枣属	Ziziphus jujuba 'Spinosa'	20
	19	南锣鼓巷黑枣	黑枣	柿树科 柿树属	Diospyros lotus	19
	20	黑芝麻胡同丝棉木	丝棉木	卫矛科 卫矛属	Euonymus maackii	16
西城区	21	景山公园二将军柏	桧柏	柏科 圆柏属	sabina chinensis	南侧株 11 北侧株 12
	22	景山公园槐中槐	国槐	豆科 槐属	Sophora japonica	20
	23	北海公园唐槐	国槐	豆科 槐属	Sophora japonica	12.5
	24	北海公园白袍将军	白皮松	松科 松属	Pinus bungeana	15
	25	北海公园遮荫侯	油松	松科 松属	Pinus tabulaeformis	10.5
	26	北海公园小叶朴	小叶朴	榆科 朴属	Celtis bungeana	11
	27	西单枣树王	枣树	鼠李科 枣属	Ziziphus jujuba	8.7
	28	宋庆龄故居西府海棠	西府海棠	蔷薇科 海棠属	Malus micromalus	东侧株 8.4 西侧株 8.2
	29	北礼士路苦楝	楝树	楝科 楝属	Melia azedarach	18.2
	30	法源寺文冠果	文冠果	无患子科 文冠果属	Xanthoceras sorbifolia	7

胸径（cm）	树龄（年）	东西冠幅（m）	南北冠幅（m）	生长位置	东经	北纬
64	500余年	6.7	5.8	故宫御花园内	116.23.27	39.55.12
77~158	100~600余年	分片群植	分片群植	故宫武英殿断虹桥	116.23.21	39.54.51
55	300余年	8.6	11	故宫乾隆花园	116.23.27	39.55.11
124	500余年	11.3	10.7	故宫御花园东南角	116.23.28	39.55.11
37	400余年	16.2	15.7	故宫英华殿两旁	116.23.15	39.55.12
164.6	600余年	11.1	11.2	太庙后河西侧	116.40.59	39.91.90
162	700余年	14.9	15.6	国子监孔庙大成殿前	116.24.29	39.56.42
190	700余年	8.8	11.5	国子监孔庙大成殿前西侧	116.24.28	39.56.43
120	700余年	14.3	15	国子监孔庙前院碑亭西侧	116.24.28	39.56.39
85	100余年	14.1	13	鼓楼东大街263号	116.23.30	39.56.24
77.5	200余年	10.9	13.8	东四二条3号院	116.24.53	39.55.29
50	200余年	12.8	10.6	柏林寺维摩阁院内	116.24.50	39.44.50
114	600余年	7	6.4	天坛公园回音壁西北角	116.41.92	39.88.49
91	300余年	8.3	8.6	天坛公园回音壁外西南侧	116.41.90	39.88.44
164~194	1000余年	8~12	6~17	中山公园南坛门外	116.40.17	39.91.62
110	200余年；600余年	15.8	12.2	中山公园中山像北侧	116.40.23	39.91.63
75	700余年	6.6	6.5	府学胡同63号文丞相祠堂	116.24.13	39.56.5
140	800余年	11	11	花市枣苑小区	116.25.25	39.53.43
89	100余年	12.9	13.6	南锣鼓巷沙井胡同15号院	116.23.42	39.56.12
58	100余年	12.7	8.9	黑芝麻胡同	116.23.37	39.56.13
100 120	800余年	7 8	8 8	景山公园东门内观德殿前	116.40.52	39.93.24
200	1000余年	17	14	景山公园永恩殿山门西侧	116.40.40	39.93.36
181.5	1200余年	9	8.2	北海公园画舫斋院内	116.39.88	39.93.69
162	800余年	20.5	20.5	北海公园团城承光殿东侧	116.39.56	39.92.90
98.7	800余年	10.5	10.5	北海公园团城承光殿东侧	116.39.56	39.92.92
88	200余年	11.7	10	北海公园东门南侧	116.23.6	39.55.26
100	600余年	9.7	10.9	西单小石虎胡同33号	116.38.11	39.91.66
64 50.3	200余年	8.6 9.1	7.3 7.4	宋庆龄故居畅襟斋门前	116.38.98	39.95.19
70	100余年	15.5	19	北礼士路西新华印刷院内	116.20.49	39.55.48
31	200余年	8	6.6	法源寺内鼓楼前	116.21.49	39.52.59

区县	序号	名称	树种	科属	拉丁名	树高（m）
朝阳区	31	金盏乡干妈柏	桧柏	柏科 圆柏属	sabina chinensis	10
	32	日坛公园九龙柏	侧柏	柏科 侧柏属	Platycladus orientalis	25
	33	东岳庙寿槐	国槐	豆科 槐属	Sophora japonica	17
海淀区	34	大觉寺银杏王	银杏	银杏科 银杏属	Ginkgo biloba	13.2
	35	大觉寺玉兰	玉兰	木兰科 木兰属	Magnolia denudata	5
	36	大觉寺鼠李寄柏	侧柏；鼠李	柏科 侧柏属；鼠李科 鼠李属	Platycladus orientalis; Rhamnus davurica	20
	37	香山公园听法松	油松	松科 松属	Pinus tabulaeformis	南侧株 9 北侧株 10.5
	38	香山公园九龙柏	侧柏	柏科 侧柏属	Platycladus orientalis	7.8
	39	香山公园三代树	银杏	银杏科 银杏属	Ginkgo biloba	17
	40	香山公园凤栖松	油松	松科 松属	Pinus tabulaeformis	12
	41	北京植物园歪脖槐	国槐	豆科 槐属	Sophora japonica	13
	42	北京植物园海柏	侧柏	柏科 侧柏属	Platycladus orientalis	14
	43	北京植物园蜡梅	蜡梅	蜡梅科 蜡梅属	Chimonanthus praecox 'Intermedius'	6
	44	北京植物园皂荚	皂荚	豆科 皂荚属	Gleditsia sinensis	22
	45	北京植物园石上松	侧柏	柏科 侧柏属	Platycladus orientalis	10
	46	田村路洋槐	洋槐	豆科 刺槐属	Robinia pseudoacacia	19.4
	47	颐和园介字柏	桧柏	柏科 圆柏属	sabina chinensis	9
	48	颐和园玉兰	玉兰	木兰科 木兰属	Magnolia denudata	9
	49	北京大学桑树	桑树	桑科 桑属	Morus alba	13.9
	50	北京大学流苏树	流苏	木犀科 流苏树属	Chionanthus retusus	13.2
	51	中国地质大学杜梨	杜梨	蔷薇科 梨属	Pyrus betulaefolia	14.8
	52	东北义园国难树	毛白杨	杨柳科 杨属	populus tomentosa	东南株 17.7 西南株 23.7 北侧株 16
	53	李自成拴马树	银杏	银杏科 银杏属	Ginkgo biloba	14
丰台区	54	长辛店革命槐	国槐	豆科 槐属	Sophora japonica	13
石景山区	55	八大处黄连木	黄连木	漆树科 黄连木属	Pistacia chinensis	20.3
	56	八角西街银杏	银杏	银杏科 银杏属	Ginkgo biloba	22.5

续表

胸径（cm）	树龄（年）	东西冠幅（m）	南北冠幅（m）	生长位置	东经	北纬
98.7	500余年	12.4	13.5	金盏乡小店村村西	116.57.42	40.01.46
160	1100余年	13.5	11	日坛公园祭日拜台外西侧	116.45.06	39.92.14
176	800余年	17.1	15.5	东岳庙前院	116.26.15	39.5.22
246	1000余年	18.7	16.2	大觉寺无量寿佛殿前	116.5.56	40.03.04
47	300余年	4.5	6.1	大觉寺四宜堂院内	116.06.0	40.03.05
87	300余年	9.3	10.5	大觉寺四宜堂院内西北角	116.06.0	40.03.05
92 71	800余年	7.8 6	7.8 6	香山公园香山寺西佛殿门外	116.11.15	39.59.09
57	300余年	4.8	4.8	香山公园碧云寺金刚宝座塔塔顶	116.11.00	39.59.48
50	300余年	5	5	香山公园碧云寺南侧水泉院	116.11.06	39.59.47
80	300余年	7	7	香山公园见心斋北门外石桥前	116.11.10	39.59.69
100	400余年	13	13	北京植物园曹雪芹纪念馆门口	116.21.95	40.00.45
103	1300余年	7	7	北京植物园卧佛寺内	116.21.39	40.01.30
地径6	1300余年	8	6	北京植物园卧佛寺内	116.21.39	40.01.30
80	200余年	22	20.4	北京植物园卧佛寺内	116.12.4	40.01.19
35	400余年	6	6	北京植物园樱桃沟内	116.20.58	40.01.81
101	100余年	16.3	12.6	田村路乐府家园小区内	116.15.21	39.55.37
62	300余年	9.6	8.3	颐和园介寿堂	116.16.7	39.59.48
地径53	近200年	7	7.7	颐和园长廊东门邀月门南侧	116.16.19	39.59.49
156	300余年	18.8	18.6	北京大学西门校友桥北侧	116.17.57	39.59.37
91.5	200余年	14.7	13.5	北京大学承泽园秀水楼院内	116.17.34	39.59.38
70	100余年	14.9	17.4	中国地质大学东南门西侧	116.20.38	39.59.15
143 113 124	200余年	16.7	16.3	西静园公墓东北义园内	116.17.50	39.59.57
255	600余年	23.4	19.6	万寿寺路西段马路中央	116.18.37	39.56.38
83	100余年	18.5	14.1	长辛店第一小学院内	116.12.1	39.49.18
74.7	600余年	10.8	9.2	八大处证果寺袁氏别墅院内	116.10.52	39.57.36
213	700余年	25	24	八角西街妇女儿童活动中心院内	116.11.35	39.54.31

区县	序号	名称	树种	科属	拉丁名	树高（m）
门头沟区	57	潭柘寺梭椤树	七叶树	七叶树科 七叶树属	Aesculus chinensis	29.1
	58	潭柘寺帝王树	银杏	银杏科 银杏属	Ginkgo biloba	34.2
	59	潭柘寺配王树	银杏	银杏科 银杏属	Ginkgo biloba	25.1
	60	潭柘寺柘树	柘树	桑科 柘树属	Cudrania tricuspidata	6.1
	61	潭柘寺玉镶金、金镶玉	玉镶金竹子 金镶玉竹子	禾本科 刚竹属	Phyllostachys aureosulcata 'Spectabilis' Phyllostachys aureosulcata	7~8
	62	戒台寺九龙松	白皮松	松科 松属	Pinus bungeana	20.4
	63	戒台寺抱塔松	油松	松科 松属	Pinus tabulaeformis	11.2
	64	戒台寺卧龙松	油松	松科 松属	Pinus tabulaeformis	3
	65	戒台寺自在松	油松	松科 松属	Pinus tabulaeformis	10
	66	戒台寺活动松	油松	松科 松属	Pinus tabulaeformis	11.2
	67	戒台寺丁香	丁香	木犀科 丁香属	Syringa oblata	7
	68	西峰寺银杏	银杏	银杏科 银杏属	Ginkgo biloba	28
房山区	69	十字寺银杏	银杏	银杏科 银杏属	Ginkgo biloba	17
	70	上方山柏树王	侧柏	柏科 侧柏属	Platycladus orientalis	24
	71	十渡镇麻栎	麻栎	壳斗科 栎属	Quercus acutissima	18.6
	72	十渡镇元宝枫	元宝枫	槭树科 槭树属	Acer truncatum	9
通州区	73	张家湾镇元槐	国槐	豆科 槐属	Sophora japonica	22
	74	张家湾镇枫杨	枫杨	胡桃科 枫杨属	Pterocarya stenoptera	20
	75	三教庙槐树	国槐	豆科 槐属	Sophora japonica	12.7
	76	新华西街洋白蜡	洋白蜡	木犀科 白蜡属	Fraxinus pennsylvanica	19.6
顺义区	77	牛栏山镇银杏	银杏	银杏科 银杏属	Ginkgo biloba	东侧株9 西侧株9.5
	78	元圣宫双柏	龙柏	柏科 圆柏属	sabina chinensis 'Kaizuca'	东侧株13.7 西侧株12.5
昌平区	79	南口镇青檀王	青檀	榆科 青檀属	Pteroceltis tatarinowii	10
	80	南口镇酸枣王	酸枣	鼠李科 枣属	Ziziphus jujuba 'Spinosa'	东侧株16 西侧株14.8
	81	关沟大神木	银杏	银杏科 银杏属	Ginkgo biloba	25
	82	长陵龟龙玉树	杜梨	蔷薇科 梨属	Pyrus betulaefolia	10
	83	长陵卧龙松	油松	松科 松属	Pinus tabulaeformis	11
	84	延寿寺盘龙松	油松	松科 松属	Pinus tabulaeformis	4

续表

胸径（cm）	树龄（年）	东西冠幅（m）	南北冠幅（m）	生长位置	东经	北纬
135	300余年	22.8	22.4	潭柘寺大雄宝殿后面东侧	116.1.29	39.54.15
343	1000余年	23	21	潭柘寺大雄宝殿后面东侧	116.1.30	39.54.16
187	600余年	17.1	19	潭柘寺大雄宝殿后面西侧	116.1.28	39.54.15
39	100余年	8.8	9.5	潭柘寺山门前牌楼南侧	116.1.29	39.54.11
3~5	300余年	0.6~0.8	0.6~0.8	潭柘寺流杯亭内	116.1.27	39.54.15
204	1300余年	22.5	23.5	戒台寺戒坛院门前	116.4.46	39.52.9
91.1	1000余年	7.4	8	戒台寺内	116.4.46	39.52.10
79.6	1000余年	13.9	14	戒台寺内	116.4.47	39.52.6
80.3	600余年	13.9	15	戒台寺内	116.4.47	39.52.5
74	500余年	18.3	18.6	戒台寺内	116.4.48	39.52.4
地径71	200余年	7.9	8.9	戒台寺地藏院大门对面	116.4.46	39.52.8
244	1000余年	23.3	24.6	永定镇国土资源部西峰寺培训中心	116.07.88	39.88.55
160	1500余年	22.1	20.5	周口店镇车厂子村十字寺遗址	115.90.74	39.74.42
153	1500余年	18.4	13.7	上方山国家森林公园吕祖阁遗址	115.49.05	39.40.38
72	100余年	16.8	13.4	十渡镇六合村娘娘庙	115.36.55	39.43.12
64	100余年	15.5	13.9	十渡镇六合村娘娘庙	115.36.53	39.43.13
170	400余年	18.3	22.3	张家湾镇皇木厂村	116.42.1	39.51.28
97	100余年	23.2	22.1	张家湾镇新城乐居小区内	116.41.6	39.51.44
134	600余年	11.7	11	三教庙佑胜教寺内	116.39.36	39.54.53
84	100余年	21.5	24.8	新华大街117号院内	116.38.56	39.54.25
118 115	900余年	7 7.24	10 12	牛栏山镇大孙各庄大觉寺遗址	116.39.15	40.14.53
92 57	500余年	10.4 9	13 9.6	牛栏山一中校园内	116.39.31	40.13.10
100	3000余年	15.1	13.7	南口镇檀峪村檀峪洞口	116.4.2	40.13.40
90 86	400余年	15 15	16 14	南口镇王庄村南王家坟地	116.4.14	40.12.50
238	1200余年	22	23	南口镇居庸关外四桥子村石佛寺遗址	116.05.62	40.30.88
69	200余年	14	13.5	明十三陵长陵	116.14.36	40.17.52
81	600余年	16	20.6	明十三陵长陵	116.14.34	40.17.52
75	800余年	11.4	12.8	长岭镇黑山寨村延寿寺	116.33.29	40.38.27

区县	序号	名称	树种	科属	拉丁名	树高（m）
大兴区	85	双塔寺银杏	银杏	银杏科 银杏属	*Ginkgo biloba*	16.5
怀柔区	86	南冶村栗祖	板栗	壳斗科 栗属	*Castanea mollissima*	13.1
	87	宝山镇槲树	槲树	壳斗科 栎属	*Quercus dentata*	13
	88	红螺寺紫藤寄松	油松；紫藤	松科 松属；豆科 紫藤属	*Pinus tabulaeformis*；*Wisteria sinensis*	7.6
	89	红螺寺雌雄银杏	银杏	银杏科 银杏属	*Ginkgo biloba*	东侧株 15 西侧株 25
	90	天宫童子	银杏	银杏科 银杏属	*Ginkgo biloba*	13.8
	91	孔雀仙子	银杏	银杏科 银杏属	*Ginkgo biloba*	24
	92	鸽子堂蒙古栎	蒙古栎	壳斗科 栎属	*Quercus mongolica*	12
	93	柏崖厂汉槐	国槐	豆科 槐属	*Sophora japonica*	12.1
平谷区	94	黄松峪银杏	银杏	银杏科 银杏属	*Ginkgo biloba*	30
	95	祖务村银杏	银杏	银杏科 银杏属	*Ginkgo biloba*	22
	96	政务村旋风柏	侧柏	柏科 侧柏属	*Platycladus orientalis*	11
密云区	97	北白岩村范公柏	侧柏	柏科 侧柏属	*Platycladus orientalis*	14
	98	巨各庄镇银杏王	银杏	银杏科 银杏属	*Ginkgo biloba*	25
	99	新城子九搂十八杈	侧柏	柏科 侧柏属	*Platycladus orientalis*	18
	100	云蒙山黄檗	黄檗	芸香科 黄檗属	*Phellodendron amurense*	15
延庆区	101	西店村柽柳	柽柳	柽柳科 柽柳属	*Tamarix chinensis*	7.7
	102	霹破石村车梁木	车梁木	山茱萸科 车梁木属	*Cornus walteri*	8
	103	长寿岭长寿树	榆树	榆科 榆属	*Ulmus pumila*	26

续表

胸径（cm）	树龄（年）	东西冠幅（m）	南北冠幅（m）	生长位置	东经	北纬
141	500余年	16.1	16	安定镇前安定村双塔寺遗址	116.30.21	39.38.5
146	900余年	13.5	16.5	渤海镇南冶村小梁南	116.27.44	40.24.54
123	500余年	18.4	19.2	宝山镇对石村北山坡	116.32.44	40.44.40
油54 紫72	800余年	20.1	17.6	红螺寺护国资禅寺内	116.37.12	40.22.33
东侧株80 西侧株120	1100余年	19.4	18.9	红螺寺大雄宝殿前	116.63.25	40.38.29
152	400余年	20.9	17.2	怀北镇大水峪村	116.41.41	40.26.43
191	500余年	24.5	24.5	怀北镇政府（原金灯寺）院内	116.69.63	40.39.47
90	200余年	14	11.7	宝山镇鸽子堂	116.37.07	40.42.24
199	2000余年	14	14.4	柏崖厂村东边、雁栖湖上游西岸	116.39.18	40.24.19
162	500余年	21	26.4	黄松峪乡黄松峪村观音庙遗址	117.14.60	40.14.18
127	500余年	16.5	16.5	韩庄乡祖务村天兴寺遗址	117.15.47	40.12.6
79	500余年	5.2	6.8	乐政务村九圣寺遗址	117.3.10	40.12.12
124	500余年	13.4	12.3	北白岩村幼儿园内	116.48.21	40.28.57
230	1300余年	21.4	26.1	巨各庄镇塘子村小学院内	116.95.66	40.38.38
284.5	3000余年	16.1	18.4	新城子镇新城子村北门外关帝庙遗址	117.34.43	40.65.17
39.3	100余年	12	14	云蒙山景区门口	116.40.28	40.33.13
51	300余年	6	6	千家店镇西店村	116.20.11	40.41.34
71	300余年	8.2	11.7	大庄科乡霹破石村	116.11.11	40.24.30
220	600余年	25.0	23	千家店镇长寿岭村	116.19.25	40.41.11

2. 河北

市域	序号	名称	树种	科属	拉丁名	树高（m）
石家庄市	1	正定槐树	国槐	豆科 槐属	Sophora japonica	14
	2	正定隆兴寺紫藤	紫藤	豆科 紫藤属	Wisteria sinensis	12.4
	3	柏林禅寺侧柏	侧柏	柏科 侧柏属	Platycladus orientalis	20
	4	灵寿流苏	流苏	木犀科 流苏树属	Chionanthus retusus	17.7
	5	元氏银杏	银杏	银杏科 银杏属	Ginkgo biloba	35
	6	董庄梨树群	梨树	蔷薇科 梨属	Pyrus bretschneideri	平均6
	7	鹿泉蜡梅	蜡梅	蜡梅科 蜡梅属	Chimonanthus praecox	6
	8	鹿泉胡申柏	侧柏	柏科 侧柏属	Platycladus orientalis	18
	9	井陉苍岩山青檀群	青檀	榆科 青檀属	Pteroceltis tatarinowii	平均14
	10	井陉楸树	楸树	紫葳科 梓树属	Catalpa bungei	16.4
	11	平山黄连木	黄连木	漆树科 黄连木属	Pistacia chinensis	17.8
	12	平山文庙柏抱桑	侧柏；桑树	柏科 侧柏属；桑科 桑属	Platycladus orientalis;Morus alba	16.4
	13	平山奶奶庙村核桃	核桃	胡桃科 胡桃属	Juglans regia	30.8
	14	赞皇嶂石岩漆树群	漆树	漆树科 漆树属	Toxicodendron verniciflum	平均20
承德市	15	丰宁九龙松	油松	松科 松属	Pinus tabulaeformis	5.8
	16	平泉九龙蟠杨	小叶杨	杨柳科 杨属	Populus simonii	15
	17	平泉文冠果	文冠果	无患子科 文冠果属	Xanthoceras sorbifolia	12.3
	18	避暑山庄油松群	油松	松科 松属	Pinus tabulaeformis	平均20
	19	避暑山庄桑树	桑树	桑科 桑属	Morus alba	8
	20	承德县双龙松	油松	松科 松属	Pinus tabulaeformis	9
	21	高新区秋子梨	秋子梨	蔷薇科 梨属	Pyrus ussuriensis	12.6
	22	小布达拉宫五角枫	五角枫	槭树科 槭树属	Acer mono	4
	23	隆化行走的柳树	旱柳	杨柳科 柳属	Salix matsudana	7.6
张家口市	24	涿鹿轩辕杨	小叶杨	杨柳科 杨属	Populus simonii	33
	25	涿鹿结义槐	国槐	豆科 槐属	Sophora japonica	20
	26	涿鹿赵家蓬核桃	核桃	胡桃科 胡桃属	Juglans regia	10
	27	涿鹿蚩尤松	油松	松科 松属	Pinus tabulaeformis	32.5
	28	崇礼云杉	云杉	松科 云杉属	Picea asperata	13.5
	29	崇礼暴马丁香	暴马丁香	木犀科 丁香属	Syringa reticulata	14
	30	赤城榆树	榆树	榆科 榆属	Ulmus pumila	28
	31	赤城旗杆松	油松	松科 松属	Pinus tabulaeformis	18
	32	宣化葡萄	葡萄	葡萄科 葡萄属	Vitis vinifera	3.5
	33	怀来八棱海棠	八棱海棠	蔷薇科 苹果属	Malus rubusta	13

胸径（cm）	树龄（年）	东西冠幅(m)	南北冠幅(m)	生长位置	东经	北纬
132	600余年	11	13	正定县政府门前	114.33.51	38.8.43
地径31.8	400余年	8.4	11	正定隆兴寺雨花堂内	114.33.23	38.8.29
120	1300余年	10.2	9.8	柏林寺观音殿前西南第一棵	114.46.42	37.44.52
156	1100余年	18.6	18.8	灵寿车谷坨	113.55.18	38.36.15
135	1000余年	20	18	元氏前仙乡牛家庄村	114.15.6	114.15.6
平均80	200余年	14	14	赵县谢庄乡董庄村村北	114.57.01	37.49.13
地径14	300余年	5.5	6.58	鹿泉区获鹿镇五街	114.18.17	38.4.57
96	2000余年	15	14	鹿泉区胡申村	114.14.16	38.51.8
平均80	1000余年	13	10	井陉苍岩山景区	114.8.48	37.49.35
231	1000余年	18.5	19	井陉于家乡张家村	114.01.18	37.57.03
160	1000余年	12	12	平山县成家庄乡孟家村	113.55.49	38.18.20
165	1300余年	21	21	平山县文庙院内	114.11.57	38.15.18
216	1000余年	12	12	平山县蛟潭庄镇奶奶庙村路边山下	114.45.19	38.33.59
平均100	200余年	3	2.5	赞皇嶂石岩景区	114.2.59	37.26.36
105	1000余年	24	28	丰宁县五道营乡三道营村	116.30.41	41.15.38
径143、149、117	300余年	20.8	36	平泉县柳溪镇薛杖子村下桥头组	118.33.42	41.14.21
198	300余年	13	9	平泉县台头山乡榆树沟村柳条沟张家坟	119.09.14	41.14.52
平均50	300余年	8	8	承德避暑山庄内	117.56.13	41.58.88
198	300余年	7	7	承德避暑山庄内	117.56.11	41.58.96
96	600余年	23.2	18	高新区上板城卸甲营西山坡	118.01.14	40.50.49
73	300余年	2.5	3	高新区冯营子乡镇崔梨沟村	117.57.46	40.51.41
119	300余年	5	5	承德普陀宗盛之庙平台	117.56.68	41.00.66
57.5	200余年	14.1	22.4	隆化县山湾乡	117.35.20	41.39.21
210	300余年	25	27	涿鹿县矾山镇三堡村矾野公路北侧	115.41.29	40.21.99
78、60、95	600余年	17、19、17	16、15、15	涿鹿县栾庄乡黄土坡村	115.18.68	40.28.79
80	200余年	8.5	11	张家口市涿鹿县赵家蓬	115.31.05	39.86.83
131	200余年	21	21	涿鹿县矾山镇龙王堂村委会院内	115.43.68	40.20.49
74	600余年	7	6	崇礼县西湾子镇瓦窑村响铃寺	115.19.80	40.91.69
45	500余年	4	4	崇礼区四台嘴乡的黄土窑村	115.26.80	40.84.29
230	1000余年	24	20	赤城县样田乡上马山村	115.26.80	40.78.77
103	700余年	14	16	赤城县云州乡观门口村	115.75.09	40.01.19
地径28	600余年			宣化区观后村	115.06.39	40.63.32
100	100余年	10	10	怀来县小南辛堡镇佟庄村上古海棠园中	115.69.35	40.31.86

市域	序号	名称	树种	科属	拉丁名	树高（m）
秦皇岛市	34	海港区浅水营银杏	银杏	银杏科 银杏属	*Ginkgo biloba*	18
	35	北戴河国槐	国槐	豆科 槐属	*Sophora japonica*	16
	36	中国煤矿工人疗养院龙爪槐	龙爪槐	豆科 槐属	*Sophora japonica* 'pendula'	5
唐山市	37	滦州市青龙山银杏	银杏	银杏科 银杏属	*Ginkgo biloba*	25
	38	迁西板栗王	板栗	壳斗科 栗属	*Castanea mollissima*	17
	39	菩提岛小叶朴群	小叶朴	榆科 朴属	*Celtis bungeana*	平均9.5
	40	清东陵古树群	油松 侧柏	松科 松属；柏科 侧柏属	*Pinus tabulaeformis*; *Platycladus orientalis*	平均12
廊坊市	41	三河银杏	银杏	银杏科 银杏属	*Ginkgo biloba*	24.5
	42	霸州构树	构树	桑科 构树属	*Broussonetia papyrifera*	10.5
	43	固安侧柏	侧柏	柏科 侧柏属	*Platycladus orientalis*	12.3
	44	大枣林村槐树	国槐	豆科 槐属	*Sophora japonica*	10.3
	45	大厂槐抱椿	国槐；臭椿	豆科 槐属；苦木科 臭椿属	*Sophora japonica*; *Ailanthus altissima*	20
	46	文安槐树	国槐	豆科 槐属	*Sophora japonica*	6.4
	47	香河楸树	楸树	紫葳科 梓树属	*Catalpa bungei*	11
保定市	48	阜平周家河侧柏	侧柏	柏科 侧柏属	*Platycladus orientalis*	16
	49	满城青檀	青檀	榆科 青檀属	*Pteroceltis tatarinowii*	8.3
	50	满城柿树	柿树	柿树科 柿树属	*Diospyros kaki*	16
	51	安国槐树	国槐	豆科 槐属	*Sophora japonica*	13
	52	涞源白榆	榆树	榆科 榆属	*Ulmus pumila*	10.5
	53	白石山红桦树群	红桦	桦木科 桦木属	*Betula albo-sinensis*	7~9
	54	唐县麻栎	麻栎	壳斗科 栎属	*Quercus acutissima*	18
	55	唐县黄连木	黄连木	漆树科 黄连木属	*Pistacia chinensis*	14
	56	直隶总督署侧柏群	侧柏	柏科 侧柏属	*Platycladus orientalis*	15~20
	57	古莲花池黛柏	侧柏	柏科 侧柏属	*Platycladus orientalis*	16
	58	紫荆关杨树	小叶杨	杨柳科 杨属	*Populus simonii*	30
	59	清西陵古油松群	油松	松科 松属	*Pinus tabulaeformis*	6~12

续表

胸径（cm）	树龄（年）	东西冠幅(m)	南北冠幅(m)	生长位置	东经	北纬
241	2800余年	26	19.5	海港区石门寨浅水营	119.36.47	40.6.53
185.4	600余年	13	15	北戴河村	119.49.38	39.86.21
40.8	100余年	7	6	北戴河中国煤矿工人疗养院内	119.48.06	39.81.47
194	1300余年	19	19.1	青龙山风景名胜区延古寺院内	118.27.03	39.50.32
290	400余年	20	20	喜峰雄关大刀园景区内	118.21.27	40.25.1
平均48	200余年	8.9	9.8	唐山菩提岛	118.50.19	39.8.11
平均50	100余年	6	6	遵化市清东陵	117.63.22	40.18.40
301	1300余年	24.4	24.6	三河市新集镇大掠马村	117.8.19	39.52.54
110	200余年	19.5	16.3	霸州市霸州镇城区办院内	116.23.44	39.7.29
78	1000余年	10	11	固安县牛驼乡北赵各庄村小学	116.22.23	39.18.1
110	600余年	18	14	广阳区北旺乡大枣林村	116.46.8	39.29.23
130	500余年	16.6	14	陈辛庄村清真寺院内	116.55.50	39.55.0
137	1200余年	6.2	7.1	文安县苏桥镇下武各庄村宅基地院内	116.25.30	39.2.51
120	400余年	11.7	9.6	香河县渠口镇戴家阁村街道	117.8.47	39.44.47
236	2300余年	50	50	阜平县周家河村	113.59.39	39.03.47
40	1000余年	10.55	4.5	满城区满城镇抱阳村	115.27.26	39.25.46
68	1000余年	12	8.5	满城区神星镇东峪	115.26.38	39.26.49
111	600余年	16	18	安国市祁州镇药市街	115.19.23	38.24.37
178	500余年	12	8	涞源县涞源镇后堡子村	114.41.14	39.23.23
20~50	100余年	3.5	3.5	涞源县白石山风景区	114.68.32	39.21.05
96	1000余年	18.6	20.5	唐县川里镇沙岭安村南沙东线东侧	114.44.20	39.6.40
100	1500余年	15.5	14.8	唐县黄石口乡周家堡村	114.48.4	39.5.38
50~120	300余年	18	16	莲池区直隶总督署	115.30.33	39.25.59
80	300余年	7.5	9.1	莲池区古莲花池	115.30.33	39.25.59
230	300余年	30	25	易县紫荆关镇白家庄村	115.5.12	38.51.53
50~90	300余年	10	12	易县清西陵内	115.15.22	38.52.17

市域	序号	名称	树种	科属	拉丁名	树高（m）
沧州市	60	姚天宫村酸枣	酸枣	鼠李科 枣属	*Ziziphus jujuba* 'spinosa'	6
	61	盐山白桑	桑树	桑科 桑属	*Moros alba*	11.5
	62	盐山椿树	香椿	楝科 香椿属	*Toona sinensis*	14
	63	黄骅冬枣树群	冬枣	鼠李科 枣属	*Ziziphus jujuba* 'Dongzao'	平均6
衡水市	64	枣强桧柏	桧柏	柏科 圆柏属	*Sabina chinensis*	20
	65	深州市国槐	国槐	豆科 槐属	*Sophora japonica*	17
邢台市	66	内丘九龙柏	侧柏	柏科 侧柏属	*Platycladus orientalis*	10
	67	临西杜梨树	杜梨	蔷薇科 梨属	*Pyrus betulaefolia*	10
	68	前南峪板栗王	板栗	壳斗科 栗属	*Castanea mollissima*	12.8
	69	任县隋槐	国槐	豆科 槐属	*Sophora japonica*	14
邯郸市	70	涉县天下第一槐	国槐	豆科 槐属	*Sophora japonica*	29
	71	涉县槲栎	槲栎	壳斗科 栎属	*Quercus aliena*	13.5
	72	涉县合漳毛黄栌	黄栌	漆树科 黄栌属	*Cotinus coggygria*	7.8
	73	涉县榉树	榉树	榆科 榉属	*Zelkova schneideriana*	14
	74	涉县雪寺榉树群	榉树	榆科 榉属	*Zelkova schneideriana*	平均14
	75	涉县流苏树	流苏	木犀科 流苏树属	*Chionanthus retusus*	13
	76	涉县白皮松	白皮松	松科 松属	*Pinus bungeana*	17.5
	77	磁县皂荚	皂荚	豆科 皂荚属	*Gleditsia sinensis*	25
	78	武安栗树群	板栗	壳斗科 栗属	*Castanea mollissima*	平均9.5
	79	武安崖柏	侧柏	柏科 侧柏属	*Platycladus orientalis*	7.2
	80	武安大果榉	榉树	榆科 榉属	*Zelkova sinica*	15、8
	81	武安木梨	木瓜	蔷薇科 榠楂属	*Chaenome sinensis*	12.3
	82	丛台公园国槐树	国槐	豆科 槐属	*Sophora japonica*	8.75
	83	武安黄连木	黄连木	漆树科 黄连木属	*Pistacia chinensis*	7.5
	84	临漳曹魏桧柏	桧柏	柏科 圆柏属	*Sabina chinensis*	21
	85	丛台区国槐	国槐	豆科 槐属	*Sophora japonica*	9
	86	成安合欢树	合欢	豆科 合欢属	*Albizia julibrissin*	15
	87	大名皂荚	皂荚	豆科 皂荚属	*Gleditsia sinensis*	21.3

续表

胸径（cm）	树龄（年）	东西冠幅(m)	南北冠幅(m)	生长位置	东经	北纬
86	1000余年	6.7	8.8	河间市沙洼乡姚天宫村	116.11.50	38.62.85
89	500余年	15.8	16	盐山县圣佛镇官张村	117.04.23	37.87.22
75	300余年	7.5	7	盐山县韩集镇卢少刚村	117.04.23	37.87.22
平均210	700余年	12.8	13	黄骅市齐家务乡东聚馆村	117.22.54	38.62.85
96	600余年	8	8	枣强县张秀屯乡侯家村	115.37.9	37.28.54
143	800余年	16	16	深州市穆村乡庄火头村古槐路南侧广场	115.28.55	38.3.19
108	1500余年	9	7	内丘县南赛乡神头村扁鹊庙景区回生桥南侧	114.16.00	37.18.30
110	400余年	12	12	临西县大刘庄乡陈新庄村南	115.56.14	36.87.49
385	900余年	13.8	14.5	邢台县浆水镇前南峪村	113.55.47	37.09.70
191	1400余年	14	13	任县西固城乡前台南村小学校院后	114.45.77	37.7.09
540	2500余年	11	13	固新镇固新村，距县城12.3km	113.44.36	36.28.15
97	300余年	14	11	涉县辽城乡西涧村	113.28.48	36.39.9
197	800余年	11	10.5	涉县合漳乡后岐村	113.43.32	36.23.51
62	800余年	8	11	涉县关防乡中沟曹家村，距县城约45km	113.53.30	36.29.43
平均62	200~1000余年	8	11	涉县神头乡雪寺村	113.35.46	36.28.18
115	500余年	8	11	偏城镇小岭村	113.42.49	36.47.35
54	200余年	20	18	涉县西达镇牛家村	113.47.59	36.24.28
81	200余年	17	17	磁县磁州镇台庄社区	114.23.6	36.21.55
平均113	平均300年 最大1500年	12	10	活水乡前仙灵村村南	113.96.27	36.90.23
120	1000余年	7.6	6.8	管陶乡上站村	113.87.67	36.77.02
143、127	500余年	4~10	4~10	活水乡井峪村文化活动中心院内和文昌阁前	113.91.58	36.84.24
80	600余年	10	10	武安市石洞乡史二庄村北圣水寺	113.98.50	36.68.44
80	400余年	11.5	11.5	丛台公园内	114.29.4	36.36.58
140	500余年	16.2	18.5	马家庄乡南窑村村北地	114.01.14	36.53.87
184	1800余年	16	15	临漳县习文乡靳彭城村	114.24.32	36.13.35
180	200余年	17	15	丛台区中华大街与北仓路交叉口西行500m路北	114.28.58	36.38.10
80	300余年	6	6	成安县匡教寺内	114.66.41	36.43.09
84	200余年	18	18	大名县东街豫剧团院内	115.9.61	36.16.90

市域	序号	名称	树种	科属	拉丁名	树高（m）
定州市	88	乾隆双槐	国槐	豆科 槐属	*Sophora japonica*	12、13
	89	东坡双槐	国槐	豆科 槐属	*Sophora japonica*	15、18
	90	刀枪街侧柏	侧柏	柏科 侧柏属	*Platycladus orientalis*	12
	91	刀枪街紫藤	紫藤	豆科 紫藤属	*Wisteria sinensis*	2.5
	92	定州张家槐	国槐	豆科 槐属	*Sophora japonica*	15
	93	雪浪斋椿树	臭椿	苦木科 臭椿属	*Ailanthus altissima*	25
辛集市	94	前营乡百年梨树	梨树	蔷薇科 梨属	*Pyrus bretschneidederi*	5.3

3. 天津

区县	序号	名称	树种	科属	拉丁名	树高（m）
市内	1	河北区银杏	银杏	银杏科 银杏属	*Ginkgo biloba*	20
	2	五爪金龙槐	国槐	豆科 槐属	*Sophora japonica*	9.7
	3	荐福观音寺古国槐	国槐	豆科 槐属	*Sophora japonica*	17
蓟州市	4	盘山香柏	侧柏	柏科 侧柏属	*Platycladus orientalis*	15
	5	盘山银杏	银杏	银杏科 银杏属	*Ginkgo biloba*	33、35
	6	盘山挂钟松	油松	松科 松属	*Pinus tabulaeformis*	9
	7	盘山凤翘松	油松	松科 松属	*Pinus tabulaeformis*	7
	8	盘山伴塔松	油松	松科 松属	*Pinus tabulaeformis*	5
	9	官庄镇蟠龙松	油松	松科 松属	*Pinus tabulaeformis*	2

续表

胸径（cm）	树龄（年）	东西冠幅(m)	南北冠幅(m)	生长位置	东经	北纬
91.4、106	900余年	12、12.6	12.6、16	新立街贡院	115.0.41	38.30.47
111.5、213.4	900余年	14、11	16、11	刀枪街文庙院内	114.59.41	38.30.52
111.5	300余年	12	11	刀枪街冀中职业学院内	114.59.42	38.30.56
60.5	200余年	7.3、8	14.7、16	刀枪街市幼儿园	114.59.36	38.30.58
98.7	1800余年	9	8	中心南街	114.59.38	38.30.39
91.4	200余年	20	20	91医院雪浪斋南侧	115.0.13	39.30.59
180	300余年	9.5	9.5	前营乡苗家营村	115.32.73	37.96.35

胸径（cm）	树龄（年）	东西冠幅(m)	南北冠幅(m)	生长位置	东经	北纬
71	100余年	9	15	河北区民族路与进步道交口	117.11.36	39.08.08
114	600余年	12	15	北辰区天穆镇闫街村华佗庙	117.07.46	39.12.59
80	600余年	17	23	河东区大直沽荐福观音寺院内	117.14.11	39.6.43
107	1000余年	15	15	盘山风景区天成寺	117.25.95	40.08.55
122、122	800余年	22、17	23、19	盘山风景区天成寺	117.26.02	40.08.55
57	600余年	7	7	盘山风景区主峰自来峰	117.26.87	40.10.39
39	500余年	5	5	盘山风景区万松寺望海楼	117.25.73	40.09.03
39	600余年	5	6	盘山风景区挂月峰上定光佛舍利塔东侧	117.26.87	40.10.39
230	300余年	20	18	官庄镇东后子峪村朝阳庵内	117.34.80	40.05.43